CHIPPU SHAKIR
ASEER MANILAL
JOSEPH SELVIN

Boa gestão da exploração de camarões

CHIPPU SHAKIR
ASEER MANILAL
JOSEPH SELVIN

Boa gestão da exploração de camarões

ScienciaScripts

Imprint

Cover image: www.ingimage.com

This book is a translation from the original published under ISBN 978-620-5-48759-4.

Publisher:
Sciencia Scripts
is a trademark of
Dodo Books Indian Ocean Ltd. and OmniScriptum S.R.L publishing group

120 High Road, East Finchley, London, N2 9ED, United Kingdom
Str. Armeneasca 28/1, office 1, Chisinau MD-2012, Republic of Moldova, Europe
Managing Directors: Ieva Konstantinova, Victoria Ursu
info@omniscriptum.com

Printed at: see last page
ISBN: 978-620-8-60549-0

Conteúdo

Dr. Chippu Shakir, Ph.D.
Professor Assistente e Diretor
Departamento de Bioquímica e Microbiologia Industrial, PMSA PTM Arts & Science College, (afiliado à Universidade de Kerala), Kuttikkadu. P.O, Kollam, Kerala, Índia.
Dr. Aseer Manilal, Ph.D.
Professor Assistente
Departamento de Ciências de Laboratório Médico, Faculdade de Ciências, Komar Universidade de Ciência e Tecnologia, Sulaymaniyah, 46001, Região do Curdistão Região do Curdistão, Iraque.
Dr. Joseph Selvin, Ph.D
Professor, Departamento de Microbiologia
Universidade de Pondicherry
Pondicherry, Tamil Nadu, Índia

Introdução geral

A aquacultura é a criação e o cultivo de organismos aquáticos, incluindo peixes, crustáceos, moluscos e plantas aquáticas em água salobra ou em ambientes marinhos. A aquicultura é uma prática antiga que remonta à China e à Índia há cerca de 2.000 anos (Bose et al., 1991). Historicamente, a prática da aquacultura evoluiu a partir da produção artesanal de subsistência (Edwards e Demaine, 1997). De acordo com o relatório da FAO (2012), nas últimas três décadas (1980-2010), a produção mundial de peixes para alimentação da aquicultura expandiu-se quase 12 vezes, a uma taxa média anual de 8,8%. Em 2010, a produção aquícola mundial atingiu um máximo histórico de 60 milhões de toneladas (excluindo plantas aquáticas e produtos não alimentares), com um valor total estimado em 119 mil milhões de dólares. Quando se incluem as plantas aquáticas cultivadas e os produtos não alimentares, a produção aquícola mundial em 2010 foi de 79 milhões de toneladas, no valor de 125 mil milhões de dólares.

Tipos de aquacultura

A produção aquícola registou progressos impressionantes nas últimas duas décadas, especialmente no que diz respeito aos crustáceos, como o camarão e as gambas. Pode ser classificada em três tipos com base nos ambientes aquáticos: aquicultura de águas quentes, aquicultura de águas frias e maricultura. As principais espécies utilizadas na aquicultura são o peixe-gato, o lagostim, o isco, o peixe desportivo, a truta, o salmão, o camarão, as algas marinhas, o caranguejo e os peixes de fundo, como o robalo, a tainha, o peixe-leite, a garoupa, a cobia e a pata-de-vaca. A maricultura tornou-se uma fronteira importante para a produção de peixes e crustáceos nos países do Sul da Ásia.

A nível mundial, a cultura do camarão é um dos segmentos mais rentáveis e de crescimento mais rápido da indústria da aquacultura (FAO, 2001). A criação de camarão foi promovida como parte da "Revolução Azul", cujo principal objetivo era fornecer alimentos para as vítimas da fome e reduzir a pressão sobre as populações selvagens de peixes e camarões. Além disso, o nível de vida aumentou em muitas aldeias costeiras após a introdução da aquacultura de camarão. Este facto conduziu a uma perceção comum de que a cultura do camarão é uma prática aquícola altamente sustentável. As estimativas mais recentes sugerem que existem cerca de mil milhões de consumidores de camarão cultivado (Banco Mundial, 2002). Os países importadores de camarão, incluindo os Estados Unidos, a Europa Ocidental e o Japão, tiveram sucesso na criação intensiva de camarão de alta tecnologia. No entanto, a sua produção tem sido insignificante em termos da sua procura.

A aquicultura de camarão desenvolveu-se como uma indústria alimentar significativa durante os últimos 35 anos (Mayer, 1991). A criação moderna de camarão, a produção de camarão marinho em represas, lagos, canais e tanques, começou no início da década de 1970 e, atualmente, cerca de cinquenta países têm viveiros de camarão. Na Ásia, a Tailândia, o Vietname, a Indonésia, a Índia e a China são os líderes, e a Malásia, Taiwan, a Arábia Saudita, o Irão, o Bangladesh, o Sri Lanka, as Filipinas e Myanmar (Birmânia) têm grandes indústrias. No hemisfério ocidental, o México,

Belize, Equador e Brasil são os principais produtores, e existem explorações de camarão nas Honduras, Panamá, Colômbia, Guatemala, Venezuela, Nicarágua e Peru (Anon, 2002).

Produção mundial de camarão

A produção mundial das importantes espécies de camarões cultivados, *Penaeus monodon* e *L. vannamei,* tem aumentado exponencialmente desde a década de 1970 (Tanticharoen et al., 2008). De acordo com Globefish (2012), a produção mundial de camarão de aquacultura em 2011 foi estimada em 2,3 milhões de toneladas. Em 2011, a Tailândia tornou-se o maior país produtor e exportador de camarão do mundo. De acordo com as estatísticas da alfândega tailandesa, em 2009, cerca de 390.000 toneladas de camarão no porto de coexistência da Tailândia foram exportadas para os EUA (192.000 toneladas), Japão (71.000 toneladas) e União Europeia (54.000 toneladas) (www.dzproduct.com). Na Tailândia, a produção cultivada de janeiro a novembro de 2011 diminuiu 6% para 60.000 toneladas em comparação com 2010. O camarão colhido nas províncias do sul atingiu 330 000 toneladas, na costa de Andaman 90 000 toneladas e na região oriental 150 000-180 000 toneladas (www.nationmultimedia.com). No Vietname, mais de 81 000 hectares de cultivo de camarão tigre preto foram perdidos em consequência da doença no ano passado, mas a produção de *L. vannamei* compensou essa perda com a sua produção de 1,18 100 toneladas até novembro de 2011 (www.vietnamseafoodnews.com). As exportações da China aumentaram no ano passado em quase 20% durante o período de janeiro-junho em comparação com o mesmo período em 2010 (Eurofish, 2011).

Durante 2010, foi registada uma produção mais elevada na Índia do que na maioria dos estados do Sul. De acordo com a Autoridade para o Desenvolvimento de Produtos de Exportação Marinha (MPEDA), durante 2009-10, a produção de camarão aumentou em mais de 30% devido a aumentos de produtividade nos principais estados de Andhra Pradesh e Tamil Nadu. Durante 2009-10, a produção total atingiu 106.000 toneladas. De acordo com a Globefish (2012), em 2011, a produção indiana de

A produção de camarão aumentou significativamente após a introdução do *L. vannamei*. A produção desta espécie deverá ser superior a 50 000 toneladas.

Criação de camarão na Ásia

A Ásia dispõe de recursos naturais favoráveis para o camarão devido à existência de recursos costeiros adequados. O cultivo de camarão começou há mais de um século no Sudeste Asiático, onde os agricultores criavam incidentalmente culturas de camarão selvagem em tanques de peixes de maré (Rosenberry, 1997). A Ásia é a região produtora de camarão mais importante do mundo, particularmente no Sudeste Asiático. As explorações asiáticas produzem principalmente *P. monodon*, seguido de *L. vannamei*, para o mercado internacional (Shang e Leung, 1998). A melhoria das operações de incubação reduziu o preço dos alevinos de camarão produzidos em incubadoras para um nível competitivo, o que é uma das principais razões para a rápida expansão da produção de camarão na Ásia (Shang e Leung, 1998), enquanto que com um custo mais baixo dos alevinos, da mão de obra e da terra (factores de produção), os produtores de camarão são capazes de produzir camarão (produto) para o mercado global a preços mais baixos. Em 2003, o camarão cultivado da Ásia representou 85% da produção mundial total de camarão cultivado. A criação de camarão desempenha um papel importante no desenvolvimento económico de muitos países asiáticos devido aos elevados retornos económicos (Senarath e Visvanathan, 2001; Huitric et al., 2002; Lebel et al., 2002; Hall, 2003; van Mulekom e Axelsson, 2006; Vandergeest, 2007). A Tailândia é de longe o maior país exportador de camarão, com uma quota de mercado de mais de 30%, seguida pela China, Indonésia, Índia, Vietname, Bangladesh e Equador (Anh et al., 2010). Na Índia, de 2002 a 2003, o camarão cultivado contribuiu com 66% do total das exportações de camarão, com um valor de mais de USD 0,80 bilhões (Ayyappan e Krishnan, 2005).

Tipos de espécies de camarões cultivados no mundo

De acordo com Holthuis (1980), os camarões incluem cerca de 33 géneros com cerca de 2.500 espécies, das quais menos de 300 espécies têm interesse económico em todo o mundo. Entre os crustáceos decápodes, os peneídeos constituem um grupo distinto de espécies comercialmente importantes. Quase todos os camarões de viveiro são peneídeos (ou seja, camarões da família Penaeidae), e apenas duas espécies de camarões, o *L. vannamei* (camarão branco do Pacífico) e o *Penaeus monodon,* representam cerca de 80% de todos os camarões de viveiro. Atualmente, *o L. vannamei* é a espécie de camarão mais importante em termos de produção aquícola. As outras espécies importantes são o *P. chinensis*, o *P. merguiensis*, *o P. japonicus* e *o P. indicus*. *O L. vannamei* está naturalmente presente ao longo da costa do Pacífico da América Central e do Sul (Holthuis, 1980). Foi originalmente cultivado em países da América do Norte, Central e do Sul. No final da década de 1970, esta espécie foi introduzida na Ásia (Briggs et al., 2004). Em 2005, 83% do *L. vannamei* criado em viveiro foi produzido na Ásia (FAO, 2006). O camarão de água salobra, *P. monodon,* é um dos maiores camarões peneídeos do mundo, atingindo até 270 mm de comprimento corporal (Motoh, 1985). A domesticação de

P. monodon começou no início dos anos 70 (Aquacop, 1979; primavera, 1983; Withyachumnarnkul, 1998). Uma lista parcial das principais espécies cultivadas é apresentada em anexo no Quadro 1.

Tabela 1. Principais espécies de camarão de viveiro e respetivo estatuto taxonómico

Alteração do nome do camarão de viveiro	
Principais espécies criadas em explorações agrícolas	
Nome antigo	Novo nome
Penaeus vannamei	*Litopenaeus vannamei*
Penaeus stylirostris	*Litopenaeus stylirostris*
Penaeus chinensis	*Fenneropenaeus chinensis*
Penaeus indicus	*Fenneropenaeus indicus*
Penaeus japonicas	*Marsupenaeus japonicus*
Espécies menores criadas na exploração	

Nome antigo	Novo nome
Penaeus schmitti	*Litopenaeus schmitti*
Penaeus setiferus	*Litopenaeus setiferus*
Penaeus occidentalis	*Litopenaeus occidentalis*
Penaeus brasiliensis	*Farfantepenaeus brasiliensis*
Penaeus aztecus	*Farfantepenaeus californiensis*
Penaeus californiensis	*Farfantepenaeus duorarum*
Penaeus duorarum	*Farfantepenaeus notialis*
Penaeus notialis	*Farfantepenaeus subtite*
Penaeus subtilis	*Farfantepenaeus paluensis*
Penaeus paulensis	*Fenneropenaeus merguiensis*
Penaeus meriguiensis	*Fenneropenaeus penicillatus*
Penaeus penicillatus	
Sem mudança de nome	
Penaeus monodon, esculentus e semisulcatus	
Fonte. Farfante e Kensley (1997).	

Em geral, a aquacultura do camarão pode ser classificada em três tipos, com base nas principais diferenças económicas e tecnológicas, ou seja, sistemas intensivos, semi-intensivos e extensivos. Na cultura extensiva de camarão, os camarões são povoados a baixas densidades (<25 PLs^m-2) em grandes tanques ou recintos de maré em que não é efectuada qualquer gestão. Na cultura extensiva, os produtores dependem quase inteiramente das condições naturais. O cultivo intensivo de camarão é realizado em altas densidades (>200 PLs m^{-2}) em currais, lagoas, tanques e pistas de corrida gerenciados intensivamente, onde é necessário um alto nível de investimento (Lightner, 1983; Lee e Wickins, 1992; Rosenberry, 2001). A cultura semi-intensiva situa-se entre estes dois extremos. A maior parte da produção mundial de camarão ainda provém do cultivo extensivo. A espécie dominante de camarão intensivo é o *P. monodon* (Ling et al., 1999).

O camarão-tigre-gigante (*P. monodon*) tem sido a espécie mais comum cultivada na Ásia. São originários do Oceano Índico e do Sudoeste do Oceano Pacífico e são os maiores camarões de cultura e os que crescem mais rapidamente. *O P. monodon* é o maior, atingindo 330 mm ou mais de comprimento corporal, e apresenta a taxa de crescimento mais elevada de todos os peneídeos cultivados (Lee e Wickins, 1992). *O P. monodon* pode atingir um tamanho de mercado de até 25-30 g no prazo de 3-4 meses após o armazenamento em tanques de cultura e tolera uma vasta gama de salinidades (Rosenberry, 1997).

História de vida dos camarões peneídeos

O camarão peneídeo está amplamente distribuído na maior parte da região do Indo-Pacífico, indo para norte até ao Japão e Taiwan, para leste até ao Taiti, para sul até à Austrália e para oeste até África.

Morfologia dos camarões peneídeos

Os camarões peneídeos pertencem ao maior filo do reino animal, o Arthropoda. Este

grupo de animais caracteriza-se pela presença de apêndices emparelhados e de uma cutícula protetora ou exoesqueleto que cobre todo o corpo de um animal. O exterior dos camarões peneídeos distingue-se por um cefalotórax com um rostro duro caraterístico e por um abdómen segmentado. Os órgãos, como as brânquias, o sistema digestivo e o coração, estão localizados no cefalotórax, enquanto os músculos se concentram no abdómen. Os apêndices do cefalotórax variam em aparência e função. Na região da cabeça, as antenas e as antenas desempenham funções sensoriais. As mandíbulas e os dois pares de maxilas formam as estruturas semelhantes a mandíbulas que estão envolvidas na ingestão de alimentos (Solis, 1988). Na região do tórax, os maxilípedes são os primeiros três pares de apêndices, modificados para a manipulação do alimento, e os restantes cinco pares são as patas andantes (pereópodes). Cinco pares de patas natatórias (pleópodes) encontram-se no abdómen (Bell e Lightner, 1988; Baily-Brock e Moss, 1992). Os peneídeos e outros artrópodes têm um sistema circulatório aberto, pelo que o sangue e as células sanguíneas são designados por hemolinfa e hemócitos, respetivamente. Os crustáceos têm um coração muscular localizado dorsalmente no cefalotórax. O hepatopâncreas ocupa uma grande parte do cefalotórax no camarão peneídeo . Esta glândula digestiva é constituída pelos divertículos do intestino. Os espaços entre estes túbulos hepatopancreáticos são os seios hemolinfáticos. O papel do hepatopâncreas é a absorção de nutrientes, o armazenamento de lípidos e a produção de enzimas digestivas (Johnson, 1980).
No camarão, os sexos são separados e as fêmeas tendem a ser maiores do que os machos. O crescimento do camarão é um processo descontínuo regulado pelo ciclo de muda, que é constituído por períodos curtos de crescimento rápido e por períodos mais longos entre as mudas, em que não ocorre crescimento. A duração do ciclo de muda depende da espécie e do tamanho, e influencia a morfologia, a fisiologia e o comportamento dos animais (Bureau et al., 2000). O crescimento depende do sexo, da fase e de factores ambientais como a quantidade e a qualidade dos alimentos, a temperatura da água e a salinidade (Dall et al., 1990).

Dieta dos camarões peneídeos

Durante o seu ciclo de vida, os camarões apresentam vários modos de alimentação. Enquanto larvas jovens (zoea), são planctívoras, filtrando algas microscópicas e outros materiais em suspensão da água. Enquanto larvas mais velhas (mysis), são principalmente predadores que consomem sobretudo fontes de proteínas animais (por exemplo, Artemia). À medida que se metamorfoseiam em pós-larvas e finalmente em juvenis, tornam-se necrófagos bentónicos e obtêm a sua nutrição a partir de uma variedade de alimentos (omnívoros). Os camarões maduros são omnívoros e, na natureza, preferem pequenos caranguejos, moluscos, camarões pequenos e peixes (Motoh, 1984). Quando o seu alimento é de má qualidade e/ou escasso, comem qualquer alimento e tendem a tornar-se canibais.

Reprodução e ciclo de vida do camarão peneídeo

Muitos dos camarões peneídeos de águas quentes completam o seu ciclo de vida num período de um a três anos (FAO, 2001). O ciclo de vida dos peneídeos inclui várias fases distintas que se encontram numa variedade de habitats. As larvas escolhem zonas costeiras salobras e estuários de mangais no seu ambiente natural. A maior parte dos adultos migra para zonas mais profundas da costa.

Áreas com salinidades mais elevadas, onde ocorre o acasalamento e a reprodução. Algumas espécies libertam os seus ovos na coluna de água, enquanto outras criam os ovos fertilizados no abdómen da fêmea até à eclosão. As fêmeas produzem entre 50.000 e 1.000.000 de ovos por desova (Rosenberry, 1997). O tamanho da maioria dos ovos de camarão tropical é de 0,00003937 polegadas (220 micrómetros) de diâmetro. Eclodem em 14 horas a 28 °C. De acordo com Motoh (1985), o ciclo de vida do *P. monodon* pode ser dividido em seis fases, nomeadamente embrião (12 horas), larva (20 dias), juvenil (15 dias), adolescente (4 meses), subadulto (4 meses) e adulto (10 meses). O náuplio é o primeiro estádio larvar e apresenta poucas semelhanças com os mais velhos; cada um deve sofrer até 12 mudas para atingir a forma final de camarão juvenil. Os náuplios alimentam-se das suas reservas durante alguns dias e desenvolvem-se posteriormente na fase de protozoário. Os protozoários alimentam-se de algas e metamorfoseiam-se em mises. Os mises alimentam-se de algas e de zooplâncton e têm muitas das caraterísticas do camarão adulto, desenvolvendo-se em megalopas, a fase comummente designada por pós-larvas (PL). As fases larvares habitam águas superficiais ricas em plâncton ao largo, com uma migração costeira à medida que se desenvolvem.

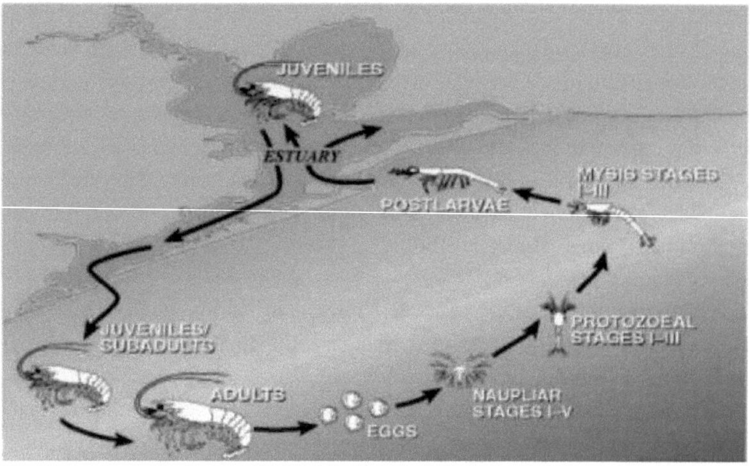

Placa 1. O ciclo de vida do camarão

Criação de camarão na zona de estudo, costa de Kollam

Kerala é um estado marítimo na costa sudoeste da Índia com um enorme potencial para o cultivo de camarão (Manilal, 2011). O camarão de Kerala criado em viveiro está a ganhar um valor de consumo excecional devido à procura no estrangeiro por parte de países como o Japão e os Estados Unidos. Estima-se que 65.000 ha de remansos são adequados para o cultivo de camarão. Em Kerala, aproximadamente 7.000 toneladas métricas de camarão são produzidas a uma taxa de 530 kg ha^{-1}

(Harikumar e Rajendran, 2007). As práticas tradicionais de criação de camarão são muito populares em Kerala. As principais regiões em Kerala onde a aquacultura é praticada, por ordem de importância, são Ernakulam, Alappuzha, Kannur, Thrissur e Kollam, respetivamente. A área estimada de água salobra adequada para o cultivo de camarão na área de estudo, Kollam, é de cerca de 8.600 ha (Shakir et al., 2010). Desse total, cerca de 90% da área está ociosa. A aquicultura de camarão em Kollam está confinada principalmente a quatro regiões, a saber, Ilha Manroe, Kottiyam, Paravoor e Mayyanad. Embora a qualidade da água e as caraterísticas geográficas desta região sejam diferentes, as práticas e os períodos de produção de camarão nestas zonas são mais ou menos semelhantes. Até à data, não foram publicados estudos anteriores sobre os condicionalismos e a sua gestão. Os dados relativos aos constrangimentos, situação económica e estudos de campo são essencialmente necessários para desenvolver estratégias de intervenção eficazes para uma boa gestão das explorações de camarão. Por conseguinte, o presente estudo tem por objetivo obter uma melhor compreensão das estratégias de cultivo na costa de Kollam através de inquéritos e de ensaios de campo.

REVISÃO DA LITERATURA

Criação de camarão na Índia

A Índia tem uma linha costeira de 8.118 km de comprimento, que suporta uma grande diversidade de habitats húmidos interiores e costeiros (Anon, 2002). Estima-se que existam 3,9 milhões de hectares de estuários e 3,5 milhões de hectares de zonas de água salobra no país (Abraham et al., 2004). Destes, 1,2 milhões de hectares de zonas costeiras foram identificados como adequados para a maricultura e, através da utilização de práticas sustentáveis, este recurso pode produzir quantidades óptimas de camarão e de outras espécies de peixes e crustáceos com valor comercial (Abraham et al., 2004). A Índia tem atualmente cerca de 1 54 000 ha de terrenos de água salobra utilizados para a criação de camarão. Tanto a criação tradicional como a científica de camarão são praticadas com rendimentos que variam de 300 a 1000 Kg ha^{-1} ano^{-1} (FAO, 2011). A criação de camarão é predominantemente uma atividade agrícola de pequena escala, com 91% dos agricultores a deterem apenas uma área de dispersão de água de 2 ha e inferior e outros 6% a deterem 2-5 ha (FAO, 2011). A indústria indiana de cultivo de camarão tem um enorme potencial para gerar divisas, emprego rural e o desenvolvimento de indústrias auxiliares. O camarão tem sido o pilar das exportações de marisco da Índia. O país é um dos maiores produtores de *P. monodon.* O camarão contribuiu para 21% do volume e 44% do valor das exportações de marisco da Índia durante 2008-09 (MPEDA, 2010). A produção de camarão da aquacultura costeira durante 2004 foi de aproximadamente 120.000 toneladas (FAO, 2011).

História da criação de camarões na Índia

Os sistemas tradicionais de maricultura, como os Bheries de Bengala Ocidental, Gheries de Orissa, Pokkali fields de Kerala, Khar lands de Karnataka e Khazani fields de Goa, onde a filtragem de camarão é seguida, é uma prática antiga (Abraham et al., 2004). Os baixos níveis de produção de espécies mistas de peixes de barbatana e concha caracterizam o sistema tradicional de armadilhas e culturas. Durante os anos oitenta, apenas as variedades mistas de camarão da agricultura tradicional contribuíram para o camarão cultivado (<15.000 toneladas). A maricultura moderna é uma ramificação da aquicultura tradicional e está largamente confinada à aquicultura do camarão. Cerca de 60% da área cultivada está a ser cultivada de forma avançada e 40% está a ser cultivada de forma tradicional (Vasudevan, 2002). A cultura avançada do camarão-tigre foi iniciada no final da década de 1980. O crescimento da cultura do camarão foi lento nos anos oitenta, altura em que a cultura tradicional representava 30 000 toneladas de produção. A criação de camarão em águas salobras começou em grande escala durante a década de 1990, especialmente nos distritos costeiros de Andhra Pradesh e Tamil Nadu. O crescimento exponencial da produção ocorreu no início dos anos noventa, devido aos ganhos monetários atractivos, às elevadas exigências de exportação e às políticas económicas liberalizadas do governo. O ambiente favorável para o crescimento da criação de camarão durante este período levou os agricultores, empresários, o sector empresarial e outros a entrarem no negócio da criação na maioria dos estados de aquacultura marítima na Índia, resultando num aumento da área em 78% (0,107 milhões de ha) e da produção em 195% (82,850 MT) (Vasudevappa e Seenappa, 2002).

Tipos de espécies cultivadas na Índia

Na Índia, das 56 espécies de camarão encontradas, apenas quatro espécies, a saber, *P. monodon, P. indicus, P. semisulcatus* e *P. merguiensis,* têm importância comercial. *O P. monodon* é originário da Índia e contribuiu significativamente para o desenvolvimento do sector da aquicultura (Vasudevappa e Seenappa, 2002).

Estados produtores de camarão da Índia

Os mangais, estuários, remansos, lagoas, riachos de maré, etc., representam os recursos de água salobra na Índia. A área de água salobra estimada adequada para o cultivo de camarão na Índia é de cerca de 1,19 milhões de hectares, distribuídos por dez estados e territórios da união, nomeadamente Bengala Ocidental, Orissa, Andhra Pradesh, Tamil Nadu, Pondicherry, Kerala, Karnataka, Goa, Maharashtra e Gujarat, conforme consta do Quadro 2. (http://agritech.tnau.ac.in/fishery/fish_shrimps.html). Destes, apenas cerca de 0,12 milhões de hectares estão atualmente a ser cultivados com camarão e, por conseguinte, existe uma grande margem de manobra para os empresários se aventurarem neste domínio de atividade. O Quadro 2 apresenta o potencial e o nível de desenvolvimento atual de cada Estado em março de 1996.

Tabela 2. Área de água salobra adequada para a criação de camarões na Índia*

	Estado	Área estimada de água salobra (ha.)	Área cultivada (ha.)
1	Bengala Ocidental	405,000	34,660
2	Orissa	31,600	11,000
3	Andhra Pradesh	150,000	50,000
4	Tamil Nadu	56,000	2,879
5	Pondicherry	800	37
6	Kerala	65,000	14,657
7	Karnataka	8,000	3,500
08	Goa	18,500	650
9	Maharashtra	80,000	716
10	Gujarat	376,000	884
		1,190,000	118,983

*fonte: MPEDA (2005).

Os estados com a maior concentração de fazendas de camarão são Andhra Pradesh, Bengala Ocidental, Tamil Nadu e Orissa. Atualmente, tanto a área como a produção são mais elevadas em Andhra Pradesh (79 760 ha, 51 230 MT), representando 50,57% e 50,0% da área e produção total de camarão cultivado, seguido de Bengala Ocidental (47 650 ha, 26 800 MT) com 30,27% e 26% respetivamente (Cyriac, 2002).

Dimensão das explorações de camarão na Índia

O país possui cerca de 92.591 fazendas, das quais 90,57% têm menos de 2 ha, 5,80% de 2 a 5 ha, 2,13% de 5 a 10 ha e fazendas com mais de 10 ha representam apenas

1,54% (AAI, 2001). Mais de 49% da área cultivada com camarão é propriedade de Em pequenas fazendas com menos de 2 ha, 16% (2-5 ha), 13% (5-10 ha) e 22% (>10 ha) indicam a contribuição máxima do sistema de pequenas fazendas para a produção total de camarão cultivado no país. Tanto em Andhra Pradesh quanto em Orissa, os agricultores que possuem menos de 2 ha dominam (96,18% e 97,88%, respetivamente), enquanto em Bengala Ocidental e Tamil Nadu, apenas 38,15% e 16% das fazendas, respetivamente, têm menos de 2 ha (AAI, 2001).

Andhra Pradesh ocupa o primeiro lugar na produção de camarão de água salobra, o primeiro lugar na produção de camarão de água, o segundo lugar na produção de peixe de água doce e o quinto lugar na produção de peixe marinho. O Estado tem uma linha costeira de 1 050 km com dois sistemas de deltas formados pelos rios Godavari e Krishna que englobam as principais zonas húmidas do Estado. O comprimento dos rios e canais no estado é de 11.514 km, e a área sob reservatórios, tanques e lagos é de 0,234 e 0,517 milhões de hectares, respetivamente (GOI, 2005). A área potencial disponível para a maricultura no estado era de 0,15 milhões de ha, com uma rede de 172 corpos de água salobra em 9 distritos costeiros (AAI, 2001). Isso representa 12,6% da área potencial total do país (1,2 milhão de ha). Da área potencial total, 84.951 ha (56,63%) foram desenvolvidos para o cultivo de camarão (MPEDA, 2006). Os camarões pertencentes a *P. monodon* e *P. indicus* são cultivados extensivamente no estado. O crescimento da criação de camarão em Andra Pradesh foi fenomenal durante os anos 19901994. Em 1990, havia um total de 6.000 ha de cultivo de camarão, que aumentou para cerca de 88.290 ha em 1997. Depois, observou-se uma tendência decrescente contínua, registando-se uma área de 36 395 ha em 2008-09 (estatísticas MPEDA). A produtividade do camarão foi superior a uma tonelada $ha^{-1}ano^{-1}$ durante 1990-91 (1,23 toneladas ha^{-1} $ano^{(-1)}$)) a 1993-94 (1,33 toneladas $ha^{-1}ano^{-1}$), tendo depois diminuído para menos de uma tonelada nos anos seguintes devido a problemas de doença (produtividade mais baixa de 0,38 toneladas ha^{-1} ano^{-1} durante 1996-97) e voltou a aumentar para mais de um ano a partir de 2004-05. A maior parte da área é baseada em riachos de água salobra/estuarinos (96%), e a área restante (4,0%) é baseada no mar.

Bengala Ocidental ocupa o segundo e o terceiro lugar, respetivamente, em termos de área cultivada e de produção de camarão em relação ao total da Índia. O Estado tem uma linha costeira de 158 km com uma rica atividade piscatória. Em 2003-2004, a produção total de camarão em Bengala Ocidental foi de 29 714 toneladas métricas (Business Today, 1999). Devido à grande existência de uma cultura tradicional de camarão, a produtividade da cultura de camarão é bastante baixa em Bengala Ocidental, sendo estimada em 0,57 toneladas métricas ha^{-1} ano^{-1} (Swamidas e Satyanarayana, 2000). Bengala Ocidental tem a maior área potencial para a criação de camarão entre os estados que praticam a cultura do camarão na Índia, e há muito espaço para expandir a cultura do camarão no estado e aumentar as receitas de exportação.

Em Tamil Nadu, existem extensos remansos, lagoas e mangais que cobrem uma área de 56.000 ha (Krishnan et al., 2001). Um estudo recente indicou que cerca de 15 000 ha de zonas baixas adjacentes a zonas de água salobra podem ser adequadas para a criação de camarão. Mais de 200 ha já foram cultivados de forma intensiva, principalmente com *P. indicus*, mas também com *P. monodon*, pelos sectores privado e empresarial. As taxas de produção nestas explorações variam entre 3-8 toneladas ha$^{(-1)}$ de cultura^{-1}.

Karnataka tem uma área total de 8.000 ha de terra de água salobra, dos quais 4.200 ha foram considerados adequados para a criação de camarões. Em Karnataka, a criação tradicional de camarão está a ser efectuada em 2 500 a 3 000 ha em gazani ou kharlands (Bhatta, 2000). A cultura do camarão é efectuada após uma colheita de "Kagga", uma variedade de arroz resistente ao sal. A produção de camarão na agricultura tradicional é muito baixa e varia entre 50-150 kg ha^{-1}. Atualmente, cerca de 488 ha da área é desenvolvida no estado sob o sistema tradicional melhorado de cultura. Estima-se que 36,0% da área total esteja em fazendas com menos de 2,0 ha, 31,0% em fazendas entre 2,0 -5,0 ha e 33,0% em fazendas acima de 5,0 ha. O nível médio de produção no estado é de cerca de 700 kg ha^{-1}. *P. indicus* e *P. merguiensis* são as duas principais espécies da região (Sathiadas e Joseph, 2001).

Estima-se que Maharashtra tenha 80 000 ha de terrenos pantanosos costeiros, dos quais 14 555 ha foram considerados adequados para a criação de camarão. Ocupa o quarto lugar entre os Estados marítimos, com cerca de 2 400 ha de cultura de camarão em desenvolvimento. Até à data, foram utilizados cerca de 1.800 ha de terra e a produção de camarão é de cerca de 200 a 250 toneladas por ano, a uma taxa baixa de 100 a 150 kg ha^{-1} (Cyriac, 2002).

Gujarat é o Estado marítimo mais setentrional da costa ocidental da Índia, com uma linha de costa de cerca de 1 600 km e vastas extensões de zonas estuarinas e de água salobra. Tem uma extensão estimada de 376 000 ha de terras costeiras e ocupa o segundo lugar entre os Estados marítimos, a seguir a Bengala Ocidental (Swamidas e Satyanarayana, 2000).

Exportação de camarão na Índia

O camarão é, desde há muito tempo, um dos principais produtos de base das exportações indianas de produtos do mar. O sector da criação de camarão, 100% orientado para a exportação, gerou emprego rural e o desenvolvimento de indústrias integradas. O potencial de exportação do camarão cultivado foi reconhecido logo em 1979. Os principais mercados para o camarão indiano são o Japão, a Europa Ocidental e os EUA. Até 1988, o camarão contribuiu principalmente para as exportações totais da pesca de captura marinha (55 736 toneladas e 4 257,8 milhões de rupias). Com o advento da criação avançada e comercial de camarão, a produção aumentou gradualmente, contribuindo com mais de 32% em volume (18 300 TM) e 49% em valor (2 293 milhões de rupias) durante 1988-1989. A contribuição das exportações de camarão de cultura foi mais elevada em 1994-95 (52,93%, 53 853 TM em volume e 74,34%, 18 662 milhões de rupias em valor), mas diminuiu entre 1996 e 1998 devido a uma quebra da produção, o que resultou numa menor contribuição em termos de volume e de valor (42,90% e 60,8%). Os progressos registados a nível das exportações a partir de 1998 foram muito promissores, com um aumento significativo do volume (49% para 60%) e do valor (75% para 86%). Em 2001-02, o camarão de cultura contribuiu com 59% (74 826 TM) em volume e 85,80% (36 450 milhões de rupias) em valor. A contribuição do camarão de cultura para o total das exportações de camarão triplicou em volume e mais de 14 vezes em valor. A produção de camarão na Índia atingiu um total de 95.918,89 milhões de toneladas em 2009-2010, e a área cultivada foi de 1 02.259,98 ha. O valor das exportações de camarão congelado no ano de 2010-2011 foi de 1261,83 dólares, um aumento em relação a

883.03. O camarão congelado continuou a ser o principal item de valor de exportação, respondendo por 44,17% do total das receitas de exportação de produtos marinhos (em US $) no ano de 2010-2011. As exportações de camarão durante o ano de 2010-2011 aumentaram 16,02%, 36,72% e 42,90% em quantidade, valor em rúpias e valor em US $, respetivamente. A Índia exporta camarão congelado para 62 países, sendo os principais mercados os Estados Unidos, a UE e o Japão (www.fis.com).

Tipos de criação de camarões na Índia

Na maior parte dos Estados, a criação de camarão baseia-se num tipo tradicional melhorado. Em Andhra Pradesh, a criação baseada em riachos representa 96%. Em Orissa, 45% das explorações de camarão situam-se na periferia do lago Chilka e 55% baseiam-se em riachos, ao passo que em Tamil Nadu, a criação baseada na água do mar representa 44,36% (AAI, 2001). A cultura do camarão na Índia é composta por vários modelos, tais como a cultura integrada e alternativa com arroz em arrozais, a cultura semi-intensiva em tanques e a cultura intensiva em explorações situadas ao longo da costa marítima.

Nos últimos cinco anos, a indústria indiana de criação de camarão transformou-se de um sistema tradicional de captura de camarão para um sistema semi-intensivo orientado para o capital. A aquicultura tradicional de camarão numa escala significativa só tem sido praticada nos estados de Bengala Ocidental e Kerala (Alagarswarmi, 1995). A maioria das explorações de camarão presentes nos outros estados em 1990 eram explorações extensivas e semi-intensivas desenvolvidas na década de 1980. Estima-se que, atualmente, cerca de 50.000 ha sejam cultivados em sistemas tradicionais de aquicultura, cerca de 90.000 ha em sistemas extensivos, cerca de 20.000 ha em sistemas semi-intensivos e cerca de 1.000 ha em sistemas intensivos de criação de camarão (Alagarswami, 1995; ADB/NACA, 1998; James, 1998).

Sistemas tradicionais

Os sistemas tradicionais representam uma variedade de sistemas de policultura, geralmente com uma grande componente de peixes diversos e uma pequena componente de camarões. Nestes sistemas, os tanques são enchidos com água das marés e não há controlo sobre a qualidade e a quantidade do povoamento. A produção média é baixa e varia de 200 a 500 Kg $ha^{-1}ano^{-1}$ (espécies e tamanhos mistos). Nos sistemas tradicionais melhorados, os tanques tradicionais são povoados com sementes de camarão selvagem (*P. monodon*), aumentando a produção global em cerca de 100 a

200 kg $ha^{-1}ano^{-1}$ e aumentando a componente camarão para cerca de um terço da cultura total (Alagarswami, 1995).

Sistemas extensivos

Os sistemas extensivos aplicam a monocultura e as massas de água alimentadas pelas marés, com uma área de 2 a 5 ha, com alimentos naturais e suplementares e uma densidade de animais de 2 PLs m^{-2}. Os agricultores podem colher até cerca de 700 kg ha^{-1} de culturas $^{-1}$ com uma ou duas colheitas por ano. Em sistemas extensivos modificados, os tanques são preparados com lavoura, calagem, fertilização, enchimento de água e troca por bombeamento, alimentação com rações formuladas e estocagem seletiva com sementes de incubadora @ 5 a 10 PLs m^{-2} e aumenta o rendimento potencial para cerca de 1.000 Kg de colheita $^{-1}$ (Selvin et al., 2009).

Sistemas semi-intensivos

Trata-se de sistemas de tanques mais recentes, até 1 ha de dimensão, com canais regulares de abastecimento e drenagem, troca de água controlada e densidades de povoamento mais elevadas (da ordem de 15 a 30 por metro quadrado). As explorações estão geralmente localizadas em zonas estuarinas e diluem um pouco a água do estuário com água doce para manter níveis óptimos de salinidade. São utilizadas rações importadas e é comum a aplicação de medicamentos e produtos químicos (como desinfectantes, pesticidas, fungicidas e antibióticos). O rendimento médio anual das explorações semi-intensivas na Índia é de cerca de 2.200 kg $ha^{(-1)}$, com uma média de 1,2 a 1,5 colheitas por ano (ADB/NACA, 1998).

Sistemas intensivos

Os tanques têm uma dimensão de 0,25 a 0,5 ha, com quatro arejadores por tanque e um sistema de drenagem central para remover as lamas acumuladas. A alimentação com ração peletizada é feita várias vezes por dia e a densidade populacional aumenta para 30 a 80 por metro quadrado. O rendimento médio anual atual é de cerca de 4.500 kg ha^{-1} em 1,6 colheitas por ano^{-1} (ADB/NACA, 1998).

Criação de camarão em Kerala

Kerala, o estado marítimo do sudoeste da Índia, tem uma linha costeira de 590 km e uma área de plataforma continental de 40 000 km2 a 200 m de profundidade. O estado tem uma vasta área de água salobra de quase 65 000 ha adequada para a criação de camarão. Destes, cerca de 14.500 ha foram utilizados para a aquacultura de camarão. A maior parte desta área encontra-se nos tradicionais campos de filtragem de camarões, conhecidos localmente como Chemmeen kettu. Os campos Pokkali estão concentrados nos distritos de Ernakulam, Alappuzha, partes dos distritos de Kottayam e Thrissur (Manilal, 2011). Esta operação de cultura é uma vocação antiga em que a cultura do camarão e o cultivo do arroz são praticados em rotação durante as estações do verão e da monção, respetivamente. Neste sistema tradicional de cultura, as sementes de camarão trazidas pela água das marés são apanhadas nos campos de Pokkali e deixadas a crescer durante 4 a 5 meses. Neste sistema tradicional, não se procede a qualquer povoamento seletivo ou alimentação suplementar.

Em Kerala, a cultura do camarão é incentivada por vários organismos, como a Agência para o Desenvolvimento da Aquicultura de Kerala (ADAK), a Autoridade para o Desenvolvimento da Exportação de Produtos Marinhos (MPEDA) e as Agências de Desenvolvimento dos Piscicultores de Água Salobra (BFFDA). De acordo com a MPEDA, 13 990,53 ha foram cultivados com camarão durante o ano 2000-01, tendo sido produzidas 7 327 toneladas métricas de camarão à taxa de 530 kg ha^{-1}-$cultura^{-1}$, em grande parte através de um sistema extensivo de cultivo com poucos factores de produção. Isto constitui apenas 22% da área potencial. Tanto o sector público como o privado estão envolvidos na criação de camarão em Kerala. Mais de 78% da área total cultivada com camarão está distribuída no distrito de Ernakulam. O distrito de Ernakulam também contribui com quase 70% da produção aquícola total. Ernakulam é seguido por Alappuzha (9,40%);

Os distritos de Kannur (5,44%) e Thrissur (4,68%) são os que mais cobrem a área. A nível nacional, Kerala ocupa a quarta posição na produção aquícola de camarão em 2004-05. O Kuwait apoiou o desenvolvimento da criação de camarão em Kerala com 750 milhões de rupias, dos quais 350 milhões de rupias foram emprestados (Yadava, 1995).

Kerala possui um vasto espetro de espécies de camarão distribuídas no regime de águas salobras adequadas para cultura (Quadro 3). Entre os camarões peneídeos, o camarão-tigre (*P. monodon*) é a espécie mais preferida. O camarão branco (*F. indicus*) é a segunda espécie mais importante para a cultura.

Quadro 3. Lista parcial das espécies de camarões comercialmente importantes em Kerala

Nome científico	Nome inglês
Fenneropenaeus indicus	Camarão branco indiano
Penaeus monodon	Camarão tigre
Penaeus semisulcatus	Camarão tigre verde
Fenneropenaeus merguiensis	Camarão banana (camarão castanho)
Metapenaeus dobsoni	Camarão de cauda florida (camarão castanho)
Metapenaeus monoceros	Camarão indiano
Metapenaeus affini	Camarão indiano (camarão rei)
Metapenaeus brevicornis	Camarão amarelo

Tipos de cultura de camarão em Kerala

A cultura tradicional do camarão tem sido exercida nas águas baixas do remanso zonas de Kerala desde tempos imemoriais. O sistema é de dois tipos: (i) campos perenes onde a cultura de camarão/peixe é praticada durante todo o ano e (ii) sazonal. campos onde o arroz é cultivado durante os meses de monção (julho-outubro) e os campos são inundados com água salgada para a cultura de camarão/peixe durante o resto do ano. A área cultivada é apresentada no Quadro 4.

Quadro 4. Área cultivada com camarão no estado de Kerala*

Distrito	Campos perenes (ha)	Campos sazonais (ha)	Total (ha)
Kollam	24	-	24

Kottayam	-	13.6		13.6
Ernakulam	941.9	9,655.1		10,597
Alappuzha	-	450.6		450.6
Trichur	156	-		156
Malappuram	27.7	307.7		335.4
Kannur	900	500		1,400
Kasargod	-		10	10
Total	2,049.6	10,937		12,986.6

*fonte: MPEDA (2005).

Restrições do camarão

Doenças da agricultura

A Índia tem vindo a registar diferentes problemas de doença desde 1990. A expansão desorganizada e não regulamentada, associada a uma falta de reflexão científica, deu origem a surtos de doenças que conduziram ao colapso do sector em 1994 e 1996. Rao (2000) refere uma perda anual de 40 milhões de rupias indianas devido à mortalidade induzida por doenças e à perda de crescimento. Estima-se que, em média, 10% dos custos de produção são gastos na gestão das doenças na Índia.

As doenças virais devidas ao vírus do baculo do monodonte (MBV), ao vírus da necrose hematopoiética e hipodérmica infecciosa (IHHNV), ao vírus da cabeça amarela (YHV) e ao vírus da mancha branca (WSV) foram registadas várias vezes na Índia (Shankar et al., 1998; Ramasamy et al., 1995; Ruby et al., 1998). De acordo com Karunasagar *et al.* (1994), o YHV afecta as brânquias, os órgãos linfóides, os hemócitos e o tecido conjuntivo. A mortalidade cumulativa pode atingir 100% em 3 a 5 dias. O primeiro grande surto do vírus da síndrome da mancha branca (WSSV) na criação comercial de camarões na Índia foi registado em julho de 1994 em Kandleru Creek, em Andhra Pradesh, ao longo da costa sudeste. Tanto *o P. monodon* como *o P. indicus* em explorações extensivas, melhoradas e semi-intensivas, independentemente da fonte de água para a cultura, foram afectados pela doença. A perda total foi estimada em cerca de 6000 milhões de rupias indianas (35,75 dólares) (Karunasagar *et al.*, 1997). Pensa-se que o vírus da doença da mancha branca foi transmitido através de sementes trazidas clandestinamente para a Índia a partir de países do Sudeste Asiático, onde o vírus já tinha sido amplificado anteriormente (Shankar e Mohan, 1998). A doença viral da mancha branca causou uma mortalidade grave do camarão cultivado *P. monodon* e *P. indicus* ao longo da costa oriental da Índia (Anon, 1994). Karunasagar *et al.* (1997) registaram um surto da doença viral da mancha branca na costa ocidental da Índia. Em 1995, toda a colheita de Andra Pradesh e Tamil Nadu, estimada num valor de 64 milhões de dólares americanos, foi destruída devido a uma doença viral (Hugh-Jones, 1995). Sudha *et al.* (1998) e Mohan e Shankar (1998) classificaram os surtos de doença viral da mancha branca em camarões peneídeos em três tipos (Tipo I, II e III) com base na manifestação clínica. Mohan e Basavarajappa (2000) reconheceram que a Índia perdia anualmente 4 a 5 mil milhões de rupias devido à infeção causada pelo vírus da síndrome da mancha branca (WSSV) e pelo vírus da cabeça amarela (YHV). Manivannan *et al.* (2002) registaram a perda de

Infecções virais múltiplas em pós-larvas *de P. monodon* num centro de incubação indiano. A gravidade da síndrome da doença da mancha branca diminuiu desde então na Índia, e a criação de camarão estava a coxear de volta à normalidade até uma ordem judicial emitida pelo Supremo Tribunal da Índia em janeiro de 1997, suspendendo a aquicultura costeira a menos de 500 metros do nível da maré alta na Zona de Regulamentação Costeira.

A vibriose e a doença da carapaça foram registadas como as principais doenças bacterianas na Índia. Foram observadas lesões negras (doença da mancha castanha) nos apêndices abdominais e no telso das larvas e dos adultos de *P. indicus* e *Panulirus homarus* (Hameed, 1994). Foram registadas em maternidades mortalidades devidas a vibriose luminosa, infecções bacterianas filamentosas e micose larvar (Karunasagar et al., 1994; Abraham et al., 1997; Felix, 2000). Entre as bactérias, o Vibrio tem sido implicado como o organismo causador, o que pode provocar uma mortalidade mais elevada. Destes, *Vibrio alginolyticus* e *V. harveyi* são considerados os mais importantes nos tanques de crescimento de *P. monodon* na Índia (Otta et al., 1999). Num artigo de revisão, Panchayuthapani (1997) afirmou que *V. alginolyticus, V. costicola, V. harveyi, V. splendidus* e *V. parahaemolyticus* são os agentes causadores de doenças bacterianas nos camarões indianos. O *V. alginolyticus* causou uma lesão negra num segmento abdominal das larvas em transmissão experimental (Hameed, 1994). Na Índia, *o V. harveyi* luminoso e *o V. alginolyticus* foram relatados como patógenos oportunistas e secundários proeminentes do camarão em surtos altamente devastadores no meio da cultura (Selvin e Lipton, 2003; Selvin et al., 2005). Luminosos e não-luminosos

V. harveyi foi associado à "doença da carapaça" em *P. indicus* (Abraham e Manley, 1995). Várias espécies de géneros bacterianos, *Vibrio, Aeromonas* e *Pseudomonas,* foram frequentemente citadas como agentes causadores de "doenças das conchas" de lagostas e camarões (Aguado e Bashirsullah, 1996). Na larvicultura de peneídeos, foi relatado que a mortalidade frequente das larvas era causada por bactérias com necrose externa e interna (Palanisamy, 1993). Na Índia, as bactérias luminosas causam grande preocupação nas operações de incubação (Jayabala et al., 1996). A bactéria luminosa isolada das larvas e da água de criação foi identificada como *V. harveyi* (Abraham et al., 1997).

Foram também comunicadas doenças bacterianas devidas a vibrios e bactérias filamentosas, infecções fúngicas (Lagenidium), infestação epicomensal e condições anormais, como a podridão negra das guelras e da cauda (Panchayathapani, 1997). Na Índia, verificou-se que os camarões adultos estavam infectados com duas espécies de fungos - *Saprolegnia parasitica* e *Leptolegnia marina* (Gopalan et al., 1980).

Problemas ambientais

Na Índia, a aquicultura de camarão é considerada uma prática ambientalmente correta, uma vez que pode utilizar recursos agrícolas, incluindo resíduos agrícolas, e assim gerar alimentos e rendimentos. Durante 1994-1995, a criação de camarões causou vários poluidores potenciais do ambiente aquático, o que acabou por levar à degradação dos mangais, das zonas de baldio e de outros recursos hídricos (Nair, 1998).

As florestas de mangue indianas têm sido destruídas devido à atividade de criação de camarão desde a década de 1990. Thakur *et al.* (1997) relataram que as áreas de mangue foram as vítimas devido às suas caraterísticas de localização, disponibilidade abundante de sementes de camarão selvagem, propriedade da terra pelo governo, baixo custo das terras e fácil disponibilidade.

Alagarswamy (1995) afirmou que, com exceção da cultura tradicional e melhorada de camarão, todos os outros sistemas de cultura conduziriam à poluição e resultariam em impactos adversos no ambiente. Os efeitos negativos dos efluentes das explorações de camarão intensivas e semi-intensivas no ambiente em termos de redução do Oxigénio Dissolvido (OD), aumento da Carência Biológica de Oxigénio (CBO) e da Carência Química de Oxigénio (CQO), hiper-salinização e eutrofização, alteração da estrutura da comunidade biológica, aumento da carga de sedimentos, alterações na produtividade, comunidade bentónica, etc., são amplamente notados (Srinivasan, 1997). Os efluentes das explorações de camarão são principalmente resíduos azotados, biodegradáveis e apresentam riscos ecológicos mínimos (Thakur et al., 1997). Os estudos do CIBA (1998) no âmbito de um programa de monitorização ambiental apoiado pelo Banco Mundial também não indicaram qualquer efeito adverso da criação de camarão no ambiente. A poluição dos lodaçais do lago Pulicat causou uma perturbação do lago por flamingos e outras aves, que também foram registadas (James, 1998).

Problemas sociais

As quedas negativas, como a destruição da cultura das aldeias, a intrusão de estranhos, a utilização de enormes conjuntos de bombas, a exploração de recursos em nome de divisas, a deslocação de pescadores tradicionais, o desemprego e a mudança de profissão da agricultura para a aquacultura são algumas das alegações atribuídas à cultura do camarão durante o período de expansão do camarão (Rao e Krishnan, 2000; 2001). Perigo para os meios de subsistência das populações ao longo da costa devido à entrada de empresas multinacionais na criação comercial de camarão, maior participação dos sectores urbano e empresarial e privação de benefícios económicos para os pequenos agricultores, marginalização dos pequenos agricultores devido à entrada de empresários ricos, acesso negado das populações aos factores de produção florestais, salinização das águas subterrâneas, esgotando as fontes de água potável para a grande maioria da população rural, conversão dos celeiros de arroz em monocultura de camarão, afectando a segurança alimentar, aumento dos conflitos sociais, como a apropriação de terras por parte de sectores abastados, são outras consequências graves da criação de camarão (Kocherry, 1995;

MPEDA e NEERI, 1996). Mukul (1994)

Em primeiro lugar, foram referidos os conflitos sociais entre os produtores de camarão, os aldeões e os pescadores nas aldeias costeiras da Índia. Alagarswami (1995) reconheceu o impacto da cultura do camarão em diferentes questões sociais durante 1990-1994. Os estudos efectuados pelo NEERI (1995) nos principais Estados produtores de camarão indicaram que o custo dos danos ecológicos e sociais excede de longe os benefícios, num montante de 63 050 milhões e 4 230 milhões para Andhra Pradesh e Tamil Nadu, respetivamente, em comparação com as receitas estatais de 14 milhões e 980 milhões de rupias, 980 milhões e 2 800 milhões.

CAPÍTULO I

A SITUAÇÃO ACTUAL DA CRIAÇÃO DE CAMARÕES NA COSTA DE KOLLAM (COSTA SUDOESTE DA ÍNDIA) - UM RELATÓRIO DE PESQUISA

INTRODUÇÃO

A criação mundial de camarão desenvolveu-se nos hemisférios oriental e ocidental através do cultivo de espécies locais de camarão disponíveis. O cultivo de camarão surgiu como um item importante na produção e no comércio mundial de frutos do mar, representando cerca de 20 e 30%, respetivamente. O cultivo comercial de camarão é um dos empreendimentos economicamente viáveis de crescimento mais rápido na Ásia, América Latina e, recentemente, na África (Shakir et al., 2010). A popularidade e a lucratividade dos camarões criados em viveiros estão progredindo devido ao seu sabor exclusivo e alto valor nutritivo. Percebendo seu potencial para um enorme crescimento de mercado e proliferação de renda, especialmente na obtenção de divisas, muitos países asiáticos, como Taiwan, Indonésia, Tailândia e Índia, têm se empenhado consideravelmente na promoção do cultivo de camarão, imbuindo a aplicação intensiva de produtos químicos, fertilizantes e rações artificiais para impulsionar a produção de camarão. Dados da Tailândia e da Índia revelam que o rendimento líquido gerado pelo camarão é mais de dez vezes superior ao do arroz e do amendoim (Flaherty e Vandergeest, 1999; Selvam e Ramaswamy, 2001; Reddy et al., 2004). A Comissão Europeia, o Japão e os Estados Unidos são os maiores importadores mundiais de camarão (FAO, 2005). Os maiores exportadores de camarão de viveiro são a China, Tailândia, Equador, Indonésia, Índia, México, Bangladesh, Brasil e Vietname (FAO, 2005). Na Ásia, a Índia é o quinto maior produtor e exportador de camarão de cultivo. O camarão cultivado em fazendas é responsável por cerca de 60% do camarão exportado do país. As fazendas de camarão marinho na Índia produzem cerca de 100.000 a 120.000 toneladas de camarão por ano. O camarão-tigre, *P. monodon*, é o principal camarão cultivado na Índia, que representa a maior parte da produção total. É a maior de todas as espécies cultivadas, podendo atingir até 36 cm de comprimento (Nahavandi et al., 2010).

Kerala é um estado marítimo na costa sudoeste da Índia com um enorme potencial para a criação de camarão. O camarão de Kerala criado em viveiro está a ganhar um valor de consumo excecional devido à procura externa de países como o Japão e os Estados Unidos. Estima-se que 65 000 hectares de remansos sejam adequados para a cultura do camarão. Em Kerala, aproximadamente 7.000 toneladas métricas de camarão são produzidas a uma taxa de 530 kg ha^{-1} (Harikumar e Rajendran, 2007). As práticas tradicionais de criação de camarão são muito populares em Kerala. As principais regiões em Kerala onde a aquacultura é praticada, por ordem de importância, são Ernakulam, Alappuzha, Kannur, Thrissur e Kollam, respetivamente.

A zona de estudo, Kollam, é bem conhecida pelos seus produtos da pesca marinha e interior. Na região de Kollam, foram encontradas cerca de 220 explorações de

camarão distribuídas numa área de aproximadamente 160 ha. No início da década de 1990, a criação de *P. monodon* era uma indústria em expansão na região de Kollam. A crescente degradação antropogénica do ambiente teve um efeito negativo na qualidade e quantidade da cultura do camarão; no entanto, a gestão ineficaz da indústria da cultura do camarão resultou em surtos frequentes de doenças do camarão, obrigando os agricultores a encerrar as suas explorações. Atualmente, o sector da criação de camarão nesta região é constituído por 2 maternidades e não menos de 60 explorações registadas, que utilizam, em conjunto, cerca de 42 hectares, permanecendo o restante não registado. Até à data, não existem estudos sobre a criação de camarão
foram registados.

Da região de Kollam, portanto, o presente estudo/inquérito foi concebido para fornecer informações sobre a situação atual do cultivo de camarão em Kollam. A descrição detalhada do estudo é ilustrada no Quadro 1.

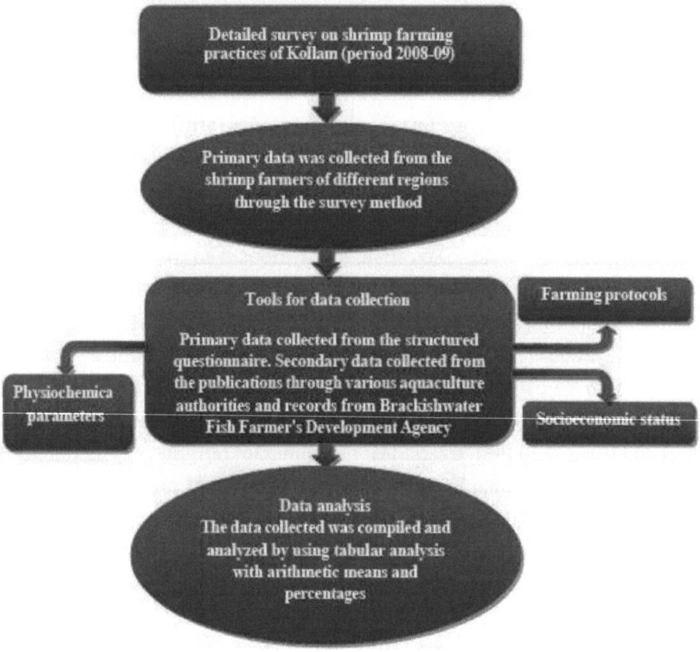

Inquérito pormenorizado sobre as práticas de criação de camarão em Kollam (período 2008-09)

Os dados primários foram recolhidos junto dos produtores de camarão de diferentes regiões através do método de inquérito

Instrumentos de recolha de dados

Parâmetros físico-químicos

Dados primários recolhidos através de um questionário estruturado. Dados secundários recolhidos de publicações de várias autoridades de aquacultura e registos da Brackishwater Fish Farmer's Development Agency

Protocolos agrícolas

Estatuto socioeconómico

Análise dos dados Os dados recolhidos foram compilados e analisados através de uma análise tabular com médias aritméticas e percentagens

Gráfico 1. Um diagrama esquemático que representa o protocolo utilizado para estudar a situação atual da cultura do camarão na região de Kollam.

Metodologia

As três regiões, nomeadamente a ilha de Manroe, Kottiyam e Paravoor do distrito de Kollam, foram escolhidas após a realização de um inquérito baseado principalmente na maior concentração de explorações agrícolas. O estudo foi efectuado com recurso a fontes de dados primários e secundários. Os dados primários foram recolhidos a partir de um questionário bem estruturado (apêndice I), ao passo que os dados secundários foram recolhidos a partir de publicações em vários jornais e de registos das autoridades aquícolas. Devido a limitações de tempo e de deslocação, só foi possível realizar um inquérito a 100 explorações de camarão (74 operacionais e 26 não operacionais) durante o período de novembro de 2008 a agosto de 2009. Foi desenvolvido um questionário bem estruturado e a informação foi recolhida junto dos inquiridos através de entrevistas pessoais (Quadro 1.1). Também foram registados dados sobre os parâmetros físico-químicos, doenças e situação socioeconómica.

Criadores de camarão da ilha Monroe

Criadores de camarão de Paravoor

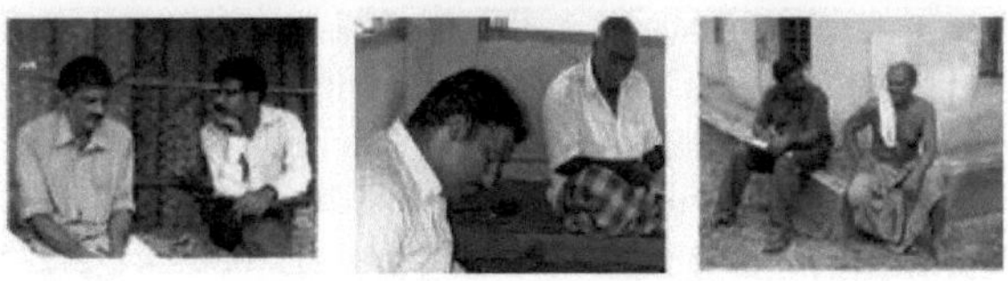

Criadores de camarão de Kottayam

Quadro 1.1. Recolha de dados primários através de um questionário estruturado

RESULTADOS

A aquicultura de camarão em Kollam está principalmente confinada a três regiões, viz: Ilha de Manroe, Kottiyam e Paravoor (Placa 1.2). Embora a qualidade da água e as caraterísticas geográficas dessa região sejam diferentes, as práticas e os períodos de produção de camarão nessas áreas de cultivo são bastante semelhantes. Cerca de 70% das fazendas de camarão na área de estudo estão distribuídas na Ilha Manroe, e os 30% restantes estão localizados em Kottiyam e Paravoor. Os produtores da área de estudo praticavam o cultivo de camarão duas vezes por ano, ou seja, de dezembro a março e de março a junho. O tamanho da fazenda de camarão variava de alguns hectares a mais de 6 ha e normalmente era alimentado pela maré, enquanto as fazendas menores com maior elevação eram geralmente alimentadas por bomba.

Placa 1.2. Zona de estudo, costa sudoeste da Índia, costa de Kollam, onde foi efectuado o estudo

De 1991 a 1997, a área total cultivada com camarão era de mais de 100 hectares. Durante o final da década de 1990 e 1995, o volume de produção aumentou para 600 a 800 Kg h^{-Um} ano^{-1}, e o preço do camarão comercializável (20 pcs. Kg-1) variou de Rs. 600-700 Kg^{-1} (Figura 1.1). Na região de Kollam (costa sudoeste da Índia) são praticados dois tipos de criação de camarão: extensiva e semi-intensiva modificada. De acordo com a pesquisa, verificou-se que 91% dos agricultores recorrem a tipos extensivos modificados de cultivo em pequenas fazendas (<1 ha) com uma densidade de estocagem de 4-6 camarões/m^2. A maioria das explorações tinha uma forma retangular e a profundidade dos tanques variava entre 0,8 e 1,5 m. As sementes de camarão foram adquiridas na Matysafed Prawn Hatchery, Kollam. Durante o período de cultivo, a temperatura variou entre 25° C e 32° C. O manejo da alimentação desempenhou um papel importante na criação de camarões. A ração Godrej (Super camarão) tem sido amplamente utilizada durante todo o ciclo de cultivo. De acordo com o inquérito, o atual custo médio de produção de camarão por hectare é de, pelo menos, ? 150 000 por ciclo. A indisponibilidade de água livre de poluição foi outro problema nesta área. Não foi efectuado qualquer estudo sobre a qualidade da água e os surtos de doenças nesta zona. A partir de 2000, a maioria das explorações introduziu a cultura de peixes ósseos, devido aos surtos de doenças nesta região.

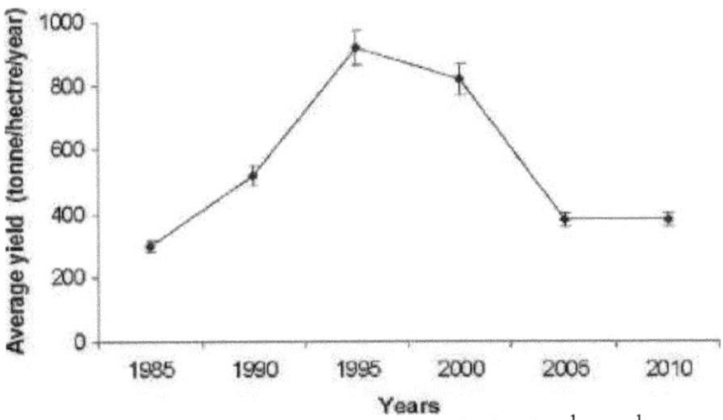

Figura 1.1. Produção média anual de camarão (toneladas ha^{-1} ano^{-1}) na região de Kollam

Estatuto socioeconómico do inquirido

O presente estudo analisou o perfil sócio-económico atual dos produtores de camarão da zona, que se revelou significativamente diferente. A maioria dos criadores de camarão tem um nível de escolaridade elevado. Eles adquiriram/desenvolveram essas técnicas de cultivo a partir de sua interação com o meio ambiente. Neste estudo, foram identificados quatro níveis (analfabeto, primário, secundário e licenciado) de inquiridos. Entre estes,

~10% eram analfabetos, ~70% tinham o ensino primário, ~10% tinham o ensino secundário e os restantes 10% eram licenciados.

A partir do inquérito, observou-se que ~72% dos inquiridos tinham a criação de camarão como ocupação principal, enquanto ~28% dos inquiridos a faziam como ocupação secundária. Do inquérito, depreende-se que os agricultores sofreram enormes perdas económicas devido à poluição da água, às doenças e às rações de qualidade abismalmente baixa.

O padrão de propriedade das fazendas de camarão nesta região é múltiplo. A maioria dos entrevistados na pesquisa eram proprietários e operadores de fazendas (~80%), os demais eram agricultores e arrendatários, respetivamente. A maioria dos produtores tinha anos de experiência em

as suas próprias explorações agrícolas. Os resultados mostraram que 60% dos produtores investiram seus próprios fundos para as operações agrícolas, e os 40% restantes dependiam de empréstimos. Cerca de 54% dos agricultores com explorações de pequena escala (<1 ha) tinham 5-10 anos de experiência e praticavam a criação tradicional de camarão, enquanto 40% da mesma categoria com 1-5 anos de experiência praticavam a criação extensiva modificada. Os especialistas nesta área (~6%) tinham 10-12 anos de experiência em cultivo de camarão. Isso indica que muitos produtores são atraídos por esse campo de empreendedorismo, mas são amadores com experiência limitada (Tabela 1.1).

Tabela 1.1. Estatuto sócio-económico dos produtores de camarão na área de estudo

Dados	Agricultores (~%)

Educação do agricultor	
Analfabeto	10
Ensino primário	70
Ensino secundário	10
Licenciados	10
Propriedade de terras	
Propriedade	80
Arrendado a um proprietário privado	20
Ocupação de viveiros de camarão	
Primário	72
Secundário	28
Experiência agrícola	
1-5 anos	54
5-10 anos	40
10-15 anos	06
Padrão de investimento	
Investimento próprio	60
Empréstimo	40

Criação de camarão

A criação de camarão tornou-se uma prática cultural distinta na região de Kollam durante anos. Durante a década de 1990, muitas terras agrícolas e mangais em Kollam foram convertidos em aquicultura de camarão em grande escala. Normalmente, o período de cultivo começa no final de novembro e termina no final de maio. Para que a aquicultura de camarão cresça com êxito, é necessário realizar uma série de actividades.

Dois tipos de cultivo de camarão, a saber, extensivo modificado e semi-intensivo, são amplamente praticados na região de Kollam. Todos os produtores entrevistados realizaram atividades de manejo semelhantes para a preparação dos viveiros; no entanto, a taxa de aplicação de fertilizantes, a densidade de estocagem e as taxas de troca de água variaram de fazenda para fazenda. A dimensão média dos tanques era geralmente a mesma para os sistemas semi-intensivos, enquanto que nos sistemas extensivos modificados, os tanques eram demasiado grandes (máximo de 6 ha). O estudo constatou que a profundidade mínima média dos tanques extensivos e semi-intensivos modificados era de 0,80 m e 1 m. Nas explorações semi-intensivas, a troca de água era feita com bombas mecanizadas, enquanto que, no outro sistema, recorria-se a bombas mecanizadas e à força das marés. As explorações semi-intensivas estão normalmente localizadas em zonas estuarinas, tendo sido utilizada água estuarina diluída para o crescimento ótimo dos camarões. Nas explorações semi-intensivas, a utilização de rações peletizadas e a aplicação de medicamentos e produtos químicos são generalizadas. Ao mesmo tempo, a aplicação de medicamentos e produtos químicos é rara nos tipos extensivos modificados.

Procedimento de exploração agrícola

Gestão de pré-estocagem

Construção de lagos: A preparação do tanque é uma atividade importante para a 41 estabelecimento de cada período de cultura. Quase todos os agricultores da localidade praticavam a criação em tanques.

Preparação (Placa 1.3). Os diques do tanque foram construídos manualmente até uma altura de cerca de 1,2-1,5 polegadas (média de 1,35 m), e a largura do dique variou de 0,5-1 polegada. Os diques foram construídos através da escavação da camada superior do solo adjacente aos diques. Assim, canais pouco profundos ao longo da periferia dos diques foram moldados para reter a água e atuar como abrigos para os camarões. Da exploração, os resíduos de sedimentos eram retirados manualmente e colocados no topo ou no exterior do dique. A erva em decomposição, os detritos e as algas, em certa medida, foram removidos nesta fase. Outro aspeto importante para o sucesso do crescimento e sobrevivência do camarão foi a secagem do tanque. Normalmente, a água do tanque de camarão usado é lavada no final de novembro e deixada a secar ao sol durante um período de três semanas. As fazendas foram aradas após a secagem. Durante este tempo, os agricultores repararam os diques, as comportas, os galpões de guarda e outras infra-estruturas.

Limpeza de lagos

Preparação de diques

Preparação das comportas

Preparação do barracão

Placa 1.3. Operação de preparação do tanque de camarão na região de Kollam

Captação de água e calagem: Os tanques foram enchidos com água da maré até 10 polegadas depois de secos e lavrados. A água é aumentada em intervalos, colocando cada entrada. O calcário agrícola ($CaCO_3$) foi aplicado após dois dias da aplicação das sementes de chá para neutralizar o ácido orgânico. A taxa média de aplicação de calcário foi de 60,2 Kg ha^{-1}. O

O calcário foi colocado num barril com água durante toda a noite e pulverizado em toda a exploração num dia subsequente para controlar o nível de pH, que é um fator importante para a criação de camarões, a fim de manter um ambiente saudável e produtivo para evitar doenças (placa 1.4).

Placa 1.4. Aplicação de cal em tanques de camarão

Erradicação de predadores e competidores: As ervas daninhas/peixes predadores tais como *Aplocheilus* sp., *Puntius* sp., *Danio* sp., e catfishes (Placa 1.5) estavam distribuídos por todos os viveiros de camarão da Ilha Monroe. A torta de sementes de chá foi amplamente utilizada para matar aquáticos indesejados da fazenda. A dose aplicada foi de 50 Kg ha^{-1}. Para além da fauna, foi encontrada vegetação aquática infestante como *Lemna* sp., *Azolla* sp., *Vallicinaria* sp., *Caratophyllum* sp., *Solvinia* sp., *Pistia* sp. (macrófitas), *Oscillatoria* sp., *Trichodesmium* sp., *Microcystis* sp. e *Anabena* sp. (cianobactérias) nos tanques. Os agricultores costumavam aplicar algicidas para erradicar estas ervas daninhas.

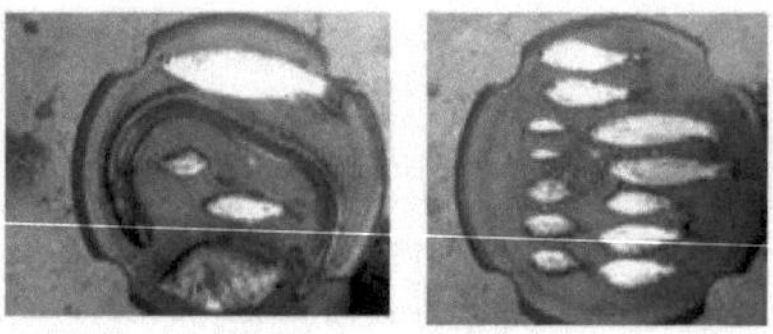

Placa 1.5. Peixes predadores recolhidos nos viveiros de camarão

Fertilização: A fertilização foi a última atividade de preparação do tanque antes da colocação dos alevins de camarão. Após 2-4 dias de calagem, o tanque foi aplicado com esterco de vaca semi-seco. O agricultor utilizou a maior quantidade de esterco de vaca (950 Kg ha^{-1}), uréia, Super Fosfato Triplo (TSP) e torta de mosca para melhorar a produtividade do viveiro. O uso de esterco de vaca, mahua, bolo de óleo e pó de branqueamento em fazendas de camarão às vezes causa preocupação em áreas onde a água do tanque é usada para beber ou tomar banho.

Seleção de sementes: A qualidade dos alevins é um fator importante para a produção e a rentabilidade, pelo que o agricultor deve assegurar-se de que obtém alevins saudáveis, comprando-os a uma incubadora ou incubadoras fiáveis. A maioria dos agricultores (90%) comprou os alevinos em Kollam, e 10% dos agricultores compraram-nos noutros locais (Quadro 1.6).

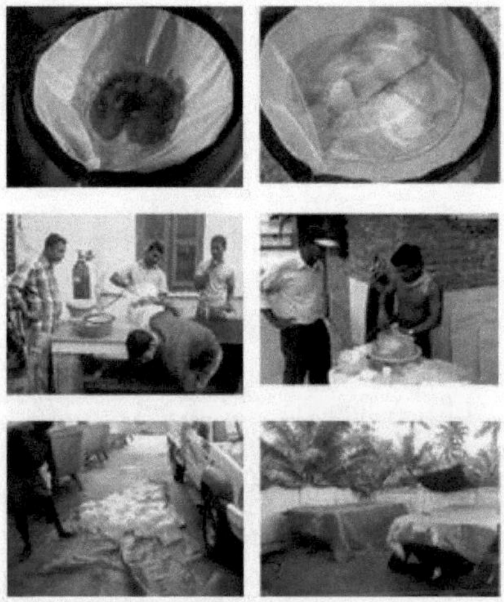

Placa 1.6. Actividades nos centros de incubação

Gestão pós-armazenamento

Gestão da alimentação: Do inquérito, verificou-se que a maioria dos agricultores da região de Kollam utiliza rações Godrej (Super shrimp) durante todo o ciclo. Isso pode ser devido à indisponibilidade de outras rações comerciais no mercado local. A alimentação constitui a maior parte (40-60% do custo operacional) do custo de produção. O custo médio da alimentação por hectare (4-5 animais m^{-2}) foi de Rs. 80.000. Para além da ração, os agricultores utilizam uma variedade de vitaminas, minerais, probióticos e suplementos alimentares. Os horários de alimentação dos camarões são observados durante três períodos de alimentação. Durante as primeiras duas semanas após o armazenamento, os agricultores não incentivam as práticas de alimentação. Após trinta dias de cultivo, as taxas de alimentação foram baseadas na sobrevivência estimada. Dos quarenta aos noventa dias de cultura, as taxas de alimentação diária foram ajustadas utilizando tabuleiros de alimentação e aumentaram para quatro a cinco vezes por dia (placa 1.7).

Alimentação por dique

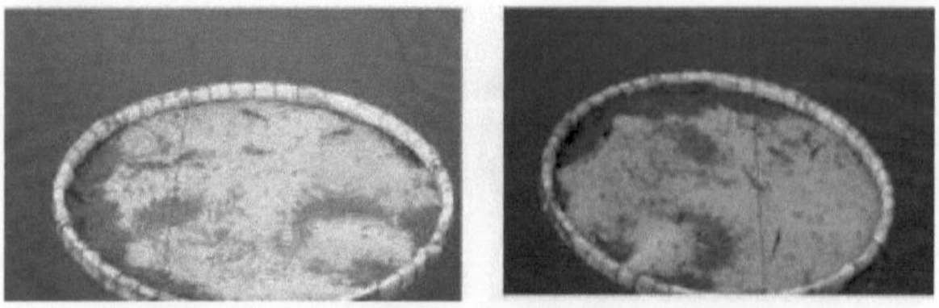

Alimentação através de tabuleiros de alimentação

Placa 1.7. Actividades de alimentação nos viveiros de camarões

Troca de água: A maioria dos viveiros de camarão existentes na região de Kollam requerem o bombeamento de água para o povoamento ou o bombeamento de água para a drenagem (Placa 1.8). A maioria dos produtores fez a troca de água em seus viveiros por uma hora do 20° dia de cultivo até o 50° dia, e do 50° dia em diante, a água foi trocada por 3-5 horas até o final do cultivo. Cerca de 80% das explorações utilizaram motobombas para a captação de água devido à maior elevação do terreno dentro das explorações. Para além do custo de bombagem, a manutenção das bombas constituía um grande problema para os agricultores desta zona. Os agricultores estavam preocupados com o impacto ambiental, particularmente em áreas com muita gente, onde as águas influentes e efluentes de todas as explorações têm a mesma fonte. Neste estudo, verificou-se que quase todas as explorações trocavam água através de uma comporta feita de madeira ou de betão. A maioria das explorações utilizava a mesma comporta para drenagem e descarga. Muito poucas tinham comportas separadas para drenagem e descarga.

Placa 1.8. Operação de troca de água em viveiros de camarão

Segurança: Na área de estudo, muitas das explorações existentes foram construídas longe de estradas e casas. Como resultado, os camarões podem não ser alimentados e a qualidade da água pode não ser monitorizada regularmente. A maioria das explorações não tinha vedações exteriores, permitindo assim o livre acesso a pessoas e animais. Durante a última fase da cultura, o roubo foi considerado um grande problema em todos os viveiros durante a noite. As aves predadoras, como corvos-marinhos, águias-pesqueiras, garças, guarda-rios, mergulhões, gaivotas e andorinhas-do-mar são muito comuns nas explorações de camarão da ilha de Manroe, causando 5-15% de perdas económicas, servindo por vezes de portadores de organismos patogénicos, como salmonelas, coliformes fecais e a bactéria *Edwardsia tarda*, que acabam por chegar às massas de água através dos excrementos das aves.

O presente inquérito revelou que 93% das explorações iniciaram as suas actividades agrícolas após a preparação sistemática do tanque (secagem do tanque, lavoura, aplicação de cal e fertilizante, rastreio de predadores, etc.). Cerca de 100% das explorações descarregavam os efluentes diretamente na fonte de água principal sem qualquer tratamento ou decantação, quer por falta de conhecimento, quer devido aos elevados custos operacionais. A maior proporção de agricultores (90%) comprou alevinos em Kollam e 10% dos agricultores compraram-nos noutros locais. A partir do nosso inquérito, verificou-se que a maioria dos agricultores (87%) na região de Kollam utilizava ração comercial durante todo o ciclo. Todas as explorações da zona (100%) trocavam a água durante os sistemas de cultura de uma forma correta (Quadro 1.2).

Quadro 1.2. Práticas agrícolas gerais na área de estudo

Dados	Explorações de camarão (%)	
Preparação do tanque		
Sim	93	
Não	7	
Modo de utilização dos efluentes agrícolas		
Descarga direta		100
Tratamento/instalação	00	
Compra de sementes		
Centro de incubação de Kollam	90	
Matsyafed		
Outras incubadoras	10	
Alimentação		
Comercial	87	
Tradicional	13	
Troca de água		
Sim		100
Não	0	

Parâmetros físico-químicos dos viveiros de camarões

A salinidade da água foi considerada variável em toda a região. A salinidade foi registada com uma média máxima de 21%><> e uma mínima de 0% O pH médio variou entre

7,1 a 8,4, enquanto o oxigénio dissolvido varia de 4,4 a 5,6 mg/L. As temperaturas da água variam entre 25 C e 32 C, o que é geralmente adequado para a cultura de *P. monodon.* Durante o período de maior flutuação da salinidade da água, a prática de povoamento tem de ser modificada. Verificou-se que a temperatura e a precipitação têm um papel decisivo nos surtos de doenças. O rápido aumento da população, a industrialização e a urbanização levaram à poluição da água nas fazendas de camarão de Kollam.

Ocorrência da doença

As doenças são consideradas uma das principais ameaças à aquicultura do camarão no Sul da Índia. Há uma falta de instalações/serviços de laboratório húmido nesta região. Os surtos de doenças têm sido um fenómeno comum na região desde 2000. Os agricultores admitiram que a chegada de várias doenças do camarão entre 2000 e 2005 estagnou o crescimento da aquicultura do camarão em Kollam. Em 2005, muitas explorações de camarão foram afectadas pela doença da mancha branca. Cerca de 90% dos produtores referiram que as doenças ainda são endémicas. O inquérito revelou que 70% das explorações de camarão foram afectadas por vibriose e 40% por doenças virais. As doenças transmitidas por protozoários e microsporídios eram também prevalecentes.

Utilização de quimioterápicos

Verificou-se que 90% dos produtores utilizavam antibióticos pelo menos uma vez como medida corretiva contra as doenças do camarão. Atualmente, os antibióticos não são incentivados pelos produtores na criação de camarão devido à recusa de camarão nos mercados internacionais. A Surazolidona-Oxitetraciclina, a Ciprofloxacina-Cloranfenicol, a Estolateeritromicina e o Fosfato de Eritromicina são os antibióticos mais utilizados na criação de camarão.

Utilização de probióticos

Cerca de 55% dos agricultores estavam a aplicar probióticos na água de criação ou suplementados na ração como medida preventiva. 77% dos agricultores inquiridos informaram que o efeito dos probióticos variava consoante as diferentes marcas. Os probióticos mais utilizados na zona de Kollam são Epicine - EUA, PondDtox, Biogut Aqua, Shrimp pro-V - Malásia, Priveb G - Malásia, Juvite - Taiwan, Biozyne, Bioclean Aqua- Índia e Pond pro-D.

Colheita

A colheita é efectuada após 90-120 dias de criação extensiva modificada de camarões (Placa 1.9). Durante a colheita, a água usada da fazenda é drenada para os canais de água próximos. Os camarões são apanhados manualmente, lançando redes por toda a exploração, e são selecionados à mão. Mais de 70% dos camarões cultivados colhidos são
exportados, principalmente para os EUA e a UE.

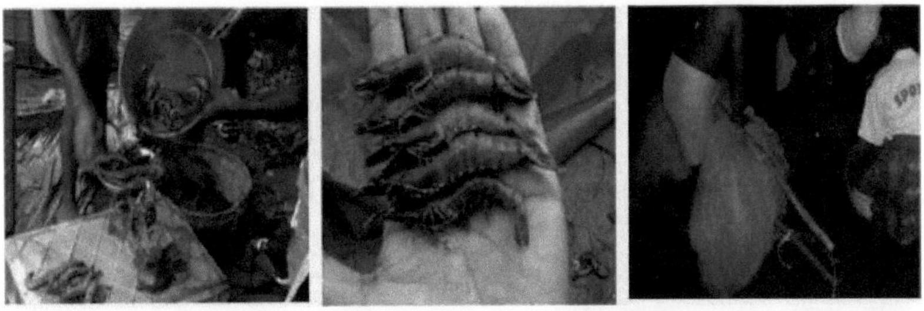

Placa 1.9. Várias operações de colheita em viveiros de camarão

Exportação

A produção de camarão e a viabilidade comercial da área de estudo dependem dos mercados internacionais. Mais de 70% do camarão capturado é exportado, principalmente para os Estados Unidos da América e países da União Europeia. A cadeia de mercado, desde os agricultores até aos mercados internacionais, passa por uma série de intermediários: o camarão.

Comerciantes, agentes e fábricas de transformação. Na ilha de Manroe, a época alta da comercialização do camarão é de fevereiro a junho.

Aspectos socioeconómicos

Com base no inquérito, verificou-se que 84% dos agricultores afirmaram que a sua situação económica atual era muito má em comparação com as décadas passadas. De acordo com o inquérito, a taxa média de produção das explorações situa-se entre 320-400 kg ha$^{(-1)}$, indicando uma produtividade inferior. As informações de mercado indicam que os preços provavelmente permanecerão moderados (? 350-400 Kg^{-1} dependendo da demanda) para o camarão maior (Placa 1.10). A maioria dos agricultores produziu rendimentos de mais de 550 kg ha^{-1} de *P. monodon* durante a década de 1990. Mas desde 2000, a produção diminuiu devido a repetidos surtos de doenças e os rendimentos anuais caíram para cerca de 320-400 Kg ha^{-1}. Em 2008-09, as doenças (Vibriose e vírus da síndrome da mancha branca) ressurgiram na área de estudo, reduzindo severamente o rendimento do camarão. Os produtores de camarão não tiveram acesso a assistência científica. A maioria deles procura ajuda de representantes de empresas de rações/suplementos alimentares cujo principal objetivo é vender os seus produtos. Na situação atual, os produtores de camarão de Kollam necessitam de assistência científica para desenvolver infra-estruturas e competências para produzir camarões grandes, saudáveis e de boa qualidade.

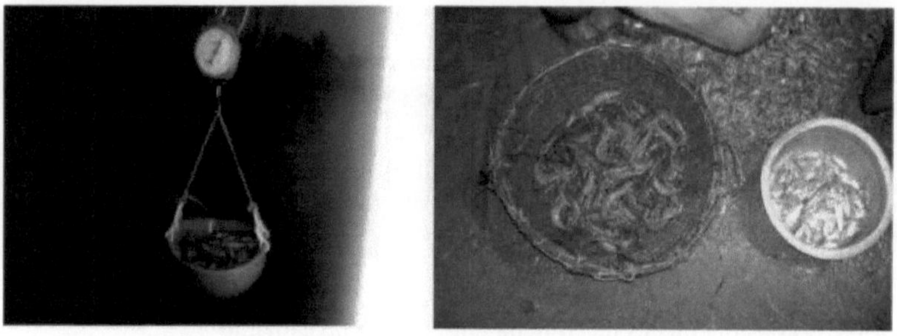

Placa 1.10. Fotografia de camarões de grandes dimensões colhidos na zona de estudo

DISCUSSÃO

A aquicultura de camarão na região de Kollam foi iniciada na década de 1980. Inicialmente, a cultura do camarão era rentável e atraiu muitos agricultores que converteram as suas terras em viveiros artificiais de camarão. Estudos efectuados por diferentes autores previram que o rendimento líquido do camarão é mais de dez vezes superior ao de culturas como o arroz e o amendoim (Flaherty e Vandergeest, 1999; Selvam e Ramaswamy, 2001; Reddy et al., 2004). Estas comparações indicam que os agricultores se comportam racionalmente quando convertem as suas terras agrícolas em tanques de camarão. Em geral, a região de Kollam tem água adequada para a cultura de *P. monodon* e outras espécies de camarão. *O P. monodon* é a principal espécie cultivada na zona de estudo. As técnicas de produção na cultura do camarão são convencionalmente classificadas em três categorias principais, com base no nível de densidade de povoamento, área e rendimento. Na área de estudo modificou-se a criação extensiva de camarão com uma densidade de povoamento de 4-6 animais m^{-2} com uma taxa de produção média cai entre 320-400 Kg ha^{-1}. Com base numa revisão das técnicas de cultivo de camarão, a tipologia é revista e dividida em cinco categorias, nomeadamente, extensiva, extensiva melhorada ou tradicional, semi-intensiva, intensiva e super-intensiva (Raux e Bailly, 2002). O inquérito revelou que um tipo distinto de agricultura, nomeadamente a extensiva modificada, é amplamente praticado na região de Kollam. A partir da pesquisa, verificou-se que as principais doenças do camarão são a síndrome da mancha branca (Manilal et al., 2009a), bacteriana (Vibriose) (Manilal et al. 2009), protozoários e fungos na região de Kollam (Manilal, 2011).

A análise das informações recolhidas no decurso do estudo, a partir da documentação existente, de relatórios e de conversas com diferentes produtores de camarão, revelou que a área de estudo dispunha de todos os recursos essenciais necessários para produzir grandes quantidades de camarão, mas que existem preocupações crescentes quanto ao impacto da cultura de camarão no ambiente. Além disso, entre os criadores de camarão existentes, há uma forte necessidade de apoio técnico no que diz respeito ao desenvolvimento e gestão do cultivo de camarão na região de Kollam.

CAPÍTULO II

ANÁLISE COMPARATIVA DA SOBREVIVÊNCIA E DA TAXA DE CRESCIMENTO DE *PENAEUS MONODON* ALIMENTADO COM DOIS ALIMENTOS COMERCIAIS PARA AQUACULTURA

INTRODUÇÃO

A aquicultura do camarão Penaeid está ganhando atenção em todo o mundo devido ao seu sabor único, valor nutricional e alto potencial de mercado (Sundarapandian et al., 2008, 2009). No cultivo comercial de camarões, os principais fatores que afetam a produção de camarões são a disponibilidade de ração de boa qualidade, variáveis ambientais e condições de cultivo (Selvin et al., 2009). A alimentação aquática suplementar é fornecida, especialmente no cultivo comercial de camarão, devido à disponibilidade insuficiente de alimento natural (Mohanty, 2001). O uso de ração comercialmente formulada tornou-se inevitável para o sucesso do cultivo contemporâneo de camarões. A criação de camarões em métodos extensivos baseia-se em organismos alimentares que ocorrem naturalmente nos tanques, enquanto os camarões cultivados em sistemas semi-intensivos e intensivos dependem de alimentos artificiais nutricionalmente completos para impulsionar o seu crescimento. Por conseguinte, o desenvolvimento de alimentos para animais de aquicultura de elevada qualidade é fundamental para a existência e expansão da cultura do camarão. Em todas as formas de aquacultura intensiva, os alimentos para animais e a alimentação constituem normalmente o principal custo operacional da atividade de cultivo. O tipo de ingredientes utilizados na formulação da dieta e a especificação de nutrientes estabelecida para a ração têm uma influência significativa no custo final da ração. Na aquicultura, têm sido utilizados vários alimentos formulados para os camarões. As dietas formuladas são alternativas atractivas porque estão disponíveis em todo o mundo.

Ano, convenientemente armazenados, fáceis de usar e sua composição de nutrientes é facilmente modificada. Globalmente, a alimentação do camarão representa um dos principais factores a considerar para reduzir os custos de produção do camarão, bem como para aumentar a rentabilidade dos agricultores (Meunpol et al., 2007).

O aumento da produção de camarão a nível mundial resultou numa maior procura de alimentos para animais, o que aumenta diretamente o custo operacional da cultura. As rações podem constituir 55% -60% dos custos de produção em sistemas intensivos e cerca de 40% em sistemas semi-intensivos de cultivo de camarões peneídeos (Lovell, 1988; Akiyama e Dominy, 1991). A otimização da estratégia de alimentação é uma consideração primordial no manejo intensivo de viveiros de camarão e envolve nutrição, processamento e manejo da ração (Nair e Sridhar, 2003). Em todas as condições de cultivo (sistema de produção), o crescimento dos camarões em diferentes estágios é amplamente governado pela qualidade nutricional da ração, freqüência de alimentação e consumo de ração. Desses fatores, a qualidade nutricional da ração é um fator importante para a sobrevivência e a taxa de crescimento do camarão. As rações de alta qualidade oferecem várias vantagens, tais como uma melhor conversão alimentar, um crescimento mais rápido, uma menor mortalidade e uma melhor qualidade da água. A alimentação dos camarões é afetada por vários outros factores, tais como a qualidade dos atractivos alimentares, a prática de alimentação, o tamanho dos pellets, a muda, a qualidade da água e do fundo, as doenças e a disponibilidade de alimentos naturais (Mohanty, 1996).

Nutrição

A formulação de rações nutricionalmente eficientes para o cultivo intensivo de qualquer espécie requer uma compreensão de suas necessidades nutricionais e da disponibilidade de nutrientes nos ingredientes que são combinados para preparar as rações (Smith e Tabrett, 2004). Na nutrição de camarões, o objetivo principal é fornecer uma mistura nutricionalmente equilibrada de ingredientes para apoiar a manutenção, o crescimento, a qualidade da carne e a saúde dos camarões a um custo aceitável. A dieta também tem um efeito importante na qualidade da água e nos sistemas de cultivo. Para atingir estes objectivos, a dieta deve fornecer todos os nutrientes necessários no equilíbrio correto. A nutrição do camarão é um fator complexo, uma vez que as necessidades nutricionais do camarão mudam em cada fase do ciclo de vida. Assim, os alimentos para camarões devem ser especificamente formulados para as diferentes fases do ciclo de vida. Os cinco principais nutrientes de que os camarões necessitam durante o seu ciclo de crescimento são as proteínas (35-45%), os hidratos de carbono (25%), as gorduras (10%), as vitaminas e os minerais. Para além destes, a dieta também inclui aglutinantes, antioxidantes, antibióticos, fungicidas, hormonas, etc.

A proteína é o componente mais caro do suplemento alimentar. A necessidade óptima de proteínas para as diferentes espécies de camarões varia muito (Shiau e Chou, 1991). Foi referido que as necessidades de proteínas para o crescimento ótimo das espécies de peneídeos se situam entre 35 e 61% (Alava e Lim, 1983; Shiau et al., 1991). Liao e Chao (1983) concluíram que *P. semisulcatus* tem um nível de necessidades proteicas inferior ao de *P. japonicus* e apenas ligeiramente superior ao de *P. monodon.* Para além disso, D "Abramo e Sheen (1994) salientam que as necessidades proteicas da dieta variam com o tamanho do camarão.

As proteínas brutas da dieta do camarão são compostas maioritariamente por produtos proteicos de origem animal marinha, como as farinhas de peixe, camarão e lula (Quadro 2.1). Servem também como fonte de atrativo e de alguns ácidos gordos essenciais. A quantidade de proteína na dieta é tão importante como a sua qualidade. Os investigadores da SEAFDEC AQD reconheceram que 40% de proteína é necessária para o crescimento do *P. monodon.* Por isso é sugerido que 35- 45% de proteína seja usada na dieta dos camarões nos tanques de crescimento. Os hidratos de carbono são utilizados principalmente pelo seu valor energético e para evitar que as proteínas sejam utilizadas como energia. Sugere-se cerca de 25% de extrato isento de azoto ou de hidratos de carbono, excluindo a fibra, na dieta dos juvenis de *P. monodon.* As gorduras ou lípidos são necessários para os camarões não só pelo seu valor energético, mas também pela presença de ácidos gordos essenciais e de vitaminas lipossolúveis A, D, E e K. Por conseguinte, são necessários cerca de 5-10% de lípidos, dos quais cerca de 5% devem provir de fontes marinhas. As vitaminas e os minerais são importantes na regulação dos processos corporais do camarão. As vitaminas B são necessárias para a utilização adequada de proteínas, hidratos de carbono e gorduras. As vitaminas A e C são importantes para criar resistência às doenças. A vitamina D, juntamente com minerais como o cálcio e o fósforo, é necessária para a formação de um exoesqueleto ou concha. Todos estes nutrientes estão tão inter-relacionados que têm de ser incorporados em quantidades adequadas na dieta para serem eficientemente utilizados pelo camarão. Em culturas extensivas ou semi-intensivas em tanques, vitaminas como a vitamina C presente em alimentos naturais (fitoplâncton, lablab, Digman, kusay-kusay) podem ser suficientes.

Quadro 2.1. Lista parcial das fontes de proteínas, hidratos de carbono e lípidos dos alimentos para camarões

Fonte de proteínas	Fonte de lípidos	Fonte de hidratos de carbono
Farinha de peixe (branco e castanho)	Óleo de fígado de bacalhau e outros óleos de fígado de peixe	Farinha de trigo (farinha de pão)
Refeição de camarão	Óleo de lula	Farinha de arroz
Refeição de cabeça de camarão	Sebo de bovino	Farinha de mandioca
Farinha de minhoca	Óleo de soja purificado	Fécula de batata
Refeição de lulas	Óleo de soja (em bruto, degomado)	Amido de sagu de palma
Entranhas de galinha	Óleo de amendoim	Farelo de arroz (tiki-tiki ou o tipo muito fino)
Carne de mexilhão	Óleo de milho	Farinha de milho
Farinha de carne e ossos	Óleo de girassol	
Ovo de galinha (inteiro)	Óleo de palma	
Sapos		
Caracóis		
Levedura		
Farinha de soja (desengordurada ou gorda)		
Farinha de sementes de algodão		
Farinha de amendoim		

Qualidade dos alimentos para animais

Verificou-se também que as estratégias de alimentação influenciam a qualidade da água e a saúde dos camarões (Jory, 1995; Burford e Williams, 2001). Um tamanho de proporção ideal é muito significativo quando se considera a redução do custo de operação e uma melhor higiene ambiental. Idealmente, os camarões em fazendas semi-intensivas e intensivas devem ser alimentados quatro ou cinco vezes por dia, com pelo menos três horas de intervalo entre as alimentações. Consequentemente, os produtores de camarão acreditam que melhores rações e estratégias de alimentação poderiam poupar-lhes muito dinheiro. É bem sabido que os camarões se alimentam lentamente e que as suas rações devem permanecer estáveis na água durante, pelo menos, várias horas. O hábito do camarão de mordiscar lentamente as partículas de ração provoca perdas substanciais de nutrientes, mesmo que os granulados sejam de boa qualidade. No estudo de Smith *et al.* (2002), foi utilizado o granulado de camarão para a alimentação.

O *P. monodon* permaneceu intacto durante 4 horas e a taxa de lixiviação da matéria seca foi de 12% durante este período. Aumentar a estabilidade da água da ração para além de algumas horas não ajuda porque a lixiviação dos nutrientes continuará, mesmo a partir de granulados com excelente estabilidade física. No espaço de uma hora, os alimentos para camarões podem perder mais de 20% da sua proteína bruta, cerca de 50% dos seus hidratos de carbono e 85 a 95% do seu teor de vitaminas. Até 77% do azoto e 86% dos compostos de fósforo dos alimentos para camarões são desperdiçados. Os resíduos ou se acumulam no fundo do tanque ou são descarregados no ambiente. Em vez de aumentar a estabilidade do granulado para além de um par de horas, as rações devem incluir atractivos para que sejam consumidos dentro de 20 ou 30 minutos.

A expansão e a intensificação globais da aquicultura trouxeram consigo uma necessidade crescente de alimentos formulados para animais. O consumo de alimentos para animais varia muito entre os países e no interior dos mesmos (Devresse, 1995), reflectindo as diferenças nas espécies e nos sistemas de cultivo, bem como a procura crescente de alimentos mais baratos por parte dos agricultores. O mercado asiático de alimentos para camarão é altamente competitivo, uma vez que a maioria dos fabricantes de alimentos para animais produz alimentos com níveis excessivos de nutrientes para garantir que os seus produtos sejam bem recebidos no mercado. Consequentemente, as rações para camarão tendem a conter um volume considerável de farinha de peixe, normalmente 30 a 35% do total. Nos países que produzem camarão extensivamente - Indonésia, Índia, Filipinas, Vietname e Bangladesh - os agricultores utilizam

rações com níveis mais baixos de proteínas e de farinha de peixe. Os agricultores do Hemisfério Ocidental dependem quase inteiramente de rações comerciais secas. Ao mesmo tempo, 50% dos que se encontram no hemisfério oriental utilizam rações fabricadas na exploração e alimentos naturais, tais como lixo de peixe, subprodutos de marisco e vários moluscos e crustáceos. Esta prática pode encorajar a propagação de doenças e aumentar a carga orgânica no tanque.

Na Índia, o mercado de alimentos para camarões registou um crescimento impressionante de mais de 1 00 000 toneladas por ano durante este período. Existem mais de seis fábricas de alimentos para animais no país, estabelecidas em colaboração com o estrangeiro, que estão a produzir alimentos para camarões utilizando matérias-primas importadas. Existem poucos estudos sobre a análise comparativa dos alimentos para animais disponíveis comercialmente no Sul da Índia, nomeadamente em Kerala, no que respeita ao crescimento e à sobrevivência do camarão. A aquicultura do camarão é uma importante indústria de recursos renováveis em Kollam. De acordo com o inquérito (capítulo 1), existem mais de duzentos tanques distribuídos na área de Kollam. A maioria das explorações está a utilizar diferentes tipos de rações comerciais. No entanto, não existe nenhum relatório anterior sobre a eficiência dos alimentos comerciais na produção e na taxa de sobrevivência. Por conseguinte, este estudo tem por objetivo avaliar a eficiência de dois alimentos comerciais, a saber, o alimento Charoen Phohaphan (C.P.) e o alimento Godrej, separadamente, sobre o crescimento, a produção e a taxa de sobrevivência dos camarões em tanques geridos de forma semelhante na ilha de Munroe, em Kollam. Os estudos foram concebidos conforme ilustrado no gráfico 2.

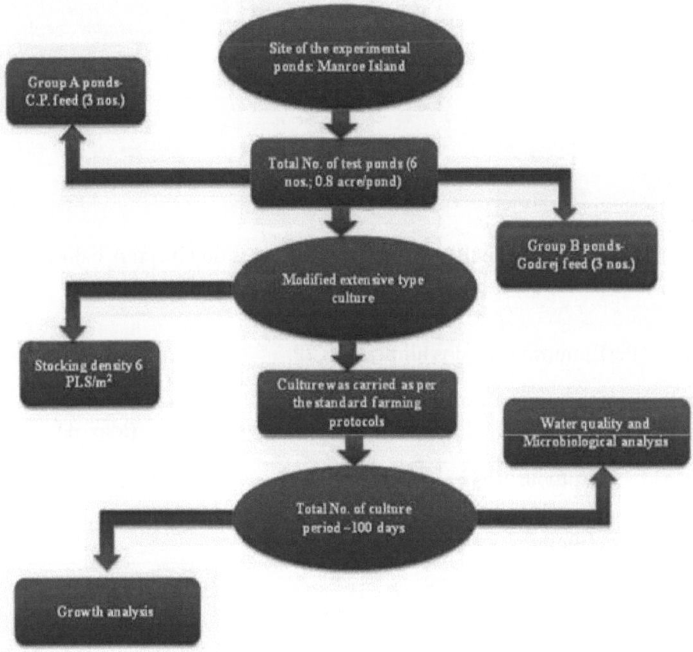

Gráfico 2. Um diagrama esquemático que representa o protocolo utilizado para a análise comparativa dos alimentos comerciais para animais

A experiência foi realizada nas fazendas de camarão situadas na área de água salobra da Ilha Manroe (Placa 2.1). No total, seis fazendas experimentais (0,8 acre e tamanho retangular) foram usadas para testar o resultado de duas rações aquáticas comerciais, a saber, a ração Charoen Phohaphan (C.P.) e a ração Godrej. A ração C.P. de sete tamanhos é formulada e fabricada pela C.P. Aquaculture (India) Private Limited, Chennai e a ração Godrej de sete tamanhos é formulada e fabricada pela Godrej

Company, Índia. O perfil nutricional de ambas as rações aquáticas comerciais é apresentado em anexo nos quadros 2.2 e 2.3.

Lagoas do Grupo A

Lagoas do Grupo B

Placa 2.1. Fazendas experimentais de camarão (tanques do Grupo A e do Grupo B) em operação
na Ilha Manroe

Quadro 2.2. *Perfil nutricional dos alimentos C.P.

Código de alimentação	Forma	Tamanho (mm)	Proteína bruta (Min %)	Gordura (Mínimo %)	Humidade (Max %)	Fibra (Max %)
9001	Crumble	0.42	42	5	12	4
9002	Crumble	0.89	41	5	12	4
9003	Crumble	1.41	40	5	12	4
9004S	Pellets	1.8X3.5	40	5	12	4
9004	Pellets	2.3x3.5	38	5	12	4
9005	Pellets	2.3X4-5	38	5	12	4
9006	Pellets	2.3X6-7	38	5	12	4

Farinha de peixe, farinha de camarão, farinha de lula, óleo de fígado de bacalhau, farinha de trigo, soja
*Ingredientes: farinha de feijão, arroz quebrado, colesterol, fosfolípidos, vitaminas e minerais.

Quadro 2.3. *Perfil nutricional dos alimentos Godrej

Código de	Forma	Proteína bruta (Min	Gordura	Humidade	Fibra

alimentação		%)	(Min %)	(Max %)	(Max %)
Iniciante 1	Crumble	40	6	11	3
Iniciante 2	Crumble	40	6	11	3
Iniciante 3	Crumble	40	6	11	3
Arrancador 3P	Pellets	40	6	11	3
Pré-cultivador 4S	Pellets	39	6	11	3
Produtor 4	Pellets	39	6	11	3
Produtor 5	Pellets	39	6	11	3

*Ingredientes: Farinha de peixe, farinha de camarão, farinha de soja, pó de fígado de lula, farinha de trigo, minerais e vitaminas.

Gestão dos viveiros experimentais antes do repovoamento

Os tanques experimentais são um aterro cheio de terra com uma área de 1,3 acres e uma profundidade normal de água de 1-1,5 m. Os tanques foram preparados antes do povoamento. A preparação do viveiro inclui a preparação da crista, a remoção de organismos infestantes, a troca de água, a fertilização, etc. Inicialmente, os seis tanques foram deixados secar ao sol e rachar para aumentar a capacidade de oxidação do sulfureto de hidrogénio e para eliminar os ovos de peixe, larvas de caranguejo e outros predadores aquáticos. Depois disso, o fundo dos tanques foi lavrado horizontal e verticalmente a uma profundidade de 25 cm para oxigenar o solo do fundo e aumentar a fertilidade. Depois de secos e lavrados, os tanques foram enchidos com água da maré. Depois disso, os tanques foram tratados com bolo de sementes de chá (a dosagem foi de 50 kg ha^{-1}) para matar aquáticos indesejáveis e produzir flores. Após dois dias de aplicação de sementes de chá, foram aplicadas pedras calcárias agrícolas ($CaCO_3$) a uma taxa de 60,2 kg ha^{-1} para neutralizar o ácido orgânico. O calcário foi embebido em água, mantido durante a noite e pulverizado em toda a exploração no dia seguinte para controlar o nível de pH. Depois de 2-4 dias de calagem, o tanque foi aplicado com estrume de vaca semi-seco. A cor da água de cada tanque passou a verde claro depois de três dias. Depois, o nível da água foi aumentado e foram adicionados ureia, superfosfato triplo (TSP) e bolo de mosca para melhorar a produtividade do tanque.

Povoamento dos tanques experimentais

Seis explorações foram agrupadas em duas (3 x 3). As explorações do Grupo 1 foram testadas com ração C.P. e as do Grupo 2 foram testadas com ração Godrej. A cultura foi efectuada durante um período de quatro meses (~100 dias), de novembro de 2009 a março de 2010. As larvas de *P. monodon* (PL 20/ rastreadas para o vírus da síndrome da mancha branca) foram adquiridas na Matysafed Prawn Hatchery, Thirumullavaram e Kollam, e transportadas em sacos de polietileno oxigenados de camada dupla (os náuplios de artémia foram fornecidos juntamente com as sementes durante a embalagem). As sementes foram levadas para o local de cultivo e os sacos foram mantidos na água do tanque para ajustar a temperatura. Todas as fazendas foram povoadas com animais originários do mesmo lote de incubação. A área do viveiro usada para o armazenamento de sementes era geralmente 5% da área total do tanque. Depois disso, a água do tanque foi adicionada lentamente ao saco de sementes para ajustar a salinidade e o pH. Subsequentemente, as sementes foram libertadas lentamente na secção do viveiro. A densidade de povoamento por tanque foi de seis animais m^{-2} (20.000 PLs) respetivamente. O peso médio inicial do corpo dos camarões nos viveiros tratados com ração C.P. e nos viveiros tratados com ração Godrej foi anexado na Tabela 2.4. Durante o período de povoamento, foram dados náuplios de artémia todos os dias. As pós-larvas, após um breve período de 7 dias na área do viveiro, foram libertadas nos tanques experimentais.

Quadro 2.4. Definição dos procedimentos de crescimento utilizados durante a cultura de *P. monodon*

Particularidades	Grupo I experimental lagos			Grupo II experimental lagos		
	Tanque 1	Tanque 2	Tanque 3	Tanque 4	Tanque 5	Tanque 6
Área das lagoas (acre)	0.8	0.8	0.8	0.8	0.8	0.8
Densidade populacional (animais m^{-2})	6	6	6	6	6	6
Biomassa inicial no povoamento (g)	4.16	4.14	4.18	4.25	4.27	4.29
Tipo de alimentação	C.P	C.P	C.P	Godrej	Godrej	Godrej

Gestão pós-ocupação de tanques experimentais

Padrão de alimentação

Na conclusão da fase de berçário (uma semana), os camarões em cada tanque de teste foram alimentados separadamente com duas rações formuladas comercialmente, ou seja, C.P. (3 tanques) e Godrej (3 tanques) de diferentes tamanhos durante todo o ciclo (Placa 2.2). A avaliação física da ração, ou seja, a cor, a forma, o tamanho e o diâmetro dos grânulos, foi registada. A ração foi distribuída manualmente por todo o tanque usando um barco de fibra. A ração foi administrada duas vezes por dia *ad libitum,* e a proporção de ração maior foi aumentada gradualmente em função do peso corporal estimado semanalmente, da taxa de sobrevivência e da quantidade de ração restante no tabuleiro de alimentação 2 horas após a alimentação (Tabela 2.5). Água

A troca foi efectuada periodicamente com o auxílio de uma motobomba a gasóleo, de acordo com a

variações de pH e salinidade.

Placa 2.2. Ração Godrej e C.P. utilizada para alimentar *P. monodon*

Tabela 2.5. Duração da alimentação, nível (%) e frequência da alimentação de *P. monodon* durante os ensaios de cultura

Duração	Nível (%)	Frequência de alimentação por dia				
I mês	3.5	6/7 horas	12/1 pm	10/11 pm		
II mês	3.5	6/7 horas	12/1 pm	6/7 pm	10/11 pm	
III mês	4	6/7 horas	10/11 am	12/1 pm	6/7 pm	10/11 pm
IV mês	4.5	6/7 horas	10/11 am	2/3 pm	6/7 pm	10/11 pm

Avaliação hidrológica

Os parâmetros de qualidade da água (salinidade, pH, temperatura e oxigénio dissolvido) foram registados semanalmente utilizando um kit de análise da água (Hach). As medições foram efectuadas colocando a sonda específica no fundo de cada tanque experimental e deixando a leitura estabilizar antes de registar a leitura final. O nível da água foi medido utilizando uma balança padrão com marcação em cm.

Análise de crescimento

O peso corporal final, o comprimento final, a taxa de crescimento específico (SGR), a sobrevivência e a taxa de conversão alimentar (FCR) foram os índices utilizados para avaliar o desempenho do crescimento. Para a análise do crescimento, 200 camarões foram amostrados aleatoriamente com uma rede de fundição e o seu comprimento corporal (CC) e peso corporal (PC) foram medidos individualmente e devolvidos aos respectivos viveiros. O CC foi medido com uma régua e o PC (peso do corpo inteiro) foi observado com uma balança eletrónica portátil com uma precisão de 0,01 g. A análise do crescimento foi efectuada de duas em duas semanas até ao final da experiência. Os resultados do crescimento foram expressos como o peso/comprimento médio dos camarões dentro de cada grupo em intervalos de quinze dias. As taxas finais de sobrevivência (%) foram as seguintes
calculado.

Para cada tanque, contar o número de camarões restantes e compará-lo com o stock inicial. A taxa de crescimento específico é expressa em termos de percentagem por duas semanas. No final do período experimental, os camarões de todos os viveiros (dois grupos) foram colhidos, contados e pesados em massa para determinar a taxa de sobrevivência (%), a TCA e a produtividade por viveiro de ensaio.

A taxa de crescimento específico (SGR), o rácio de conversão alimentar (FCR) e a taxa de sobrevivência foram avaliados do seguinte modo

$$\text{Specific Growth Rate (SGR)} = \frac{\text{(lin final weight - in initial weight)}}{\text{Days}} 100$$

$$\text{Survival Rate (SR)} = \frac{\text{No shrimp at harvest}}{\text{Initial No of shrimp at stocking}} 100$$

$$\text{Feed Conversion Ratio (FCR)} = \frac{\text{Feed intake (g)}}{\text{Weight gain (g)}}$$

(lin peso final - em peso inicial) Taxa de crescimento específico (SGR) = 100

Dias

Sem camarão na colheita

Taxa de sobrevivência (SR) = 100

Número inicial de camarões na fase de povoamento

Consumo de ração (g)

Rácio de conversão alimentar (FCR) =

Ganho de peso (g)

Peso total (Kg) = Soma dos pesos individuais dos espécimes colhidos (g)

A análise microbiológica foi efectuada em camarões recolhidos em triplicado de cada tanque experimental durante ^{os} dias 10, 50 e 90 do ensaio de alimentação para um período de cultivo que variou de 98 a 100 dias. Durante o transporte, as amostras foram transportadas em caixas térmicas com gelo para manter a temperatura <5°C. A análise bacteriológica começou dentro de 2 horas imediatamente após a recolha das amostras. Os espécimes colhidos aleatoriamente foram analisados para detetar a presença de *Vibrio* spp. Os espécimes individuais foram cuidadosamente lavados em água bidestilada e a superfície foi esterilizada com etanol a 60%. Depois disso, diferentes partes do corpo dos camarões foram dissecadas em condições estéreis, pulverizadas em solução salina normal e esfregadas em placas de ágar TCBS (Thiosulphate Bile Salt Sucrose agar, Hi-Media, Mumbai) em triplicado e incubadas numa posição invertida a 37°C durante 24 horas. *O Vibrio* spp. foi identificado como colónias caraterísticas, discretas e redondas, de aspeto amarelado/esverdeado (Manilal, 2011).

A mesma experiência foi repetida com amostras de água recolhidas em viveiros de criação de camarões. As amostras de água foram colhidas a uma profundidade de 0,3 m abaixo da superfície, utilizando frascos esterilizados com tampa de rosca de 50 ml de capacidade, e levadas para o laboratório numa caixa frigorífica no prazo de 2 horas após a colheita. As amostras recolhidas foram filtradas em papel de filtro Whatman 1 e diluídas em série em água salobra esterilizada, colocadas em placas de TCBS e incubadas numa posição invertida a 37°C durante 24 horas.

Análise económica

Os componentes da análise financeira foram categorizados de acordo com os custos operacionais e os custos totais. Os custos operacionais compreendem o funcionamento efetivo da unidade de engorda, incluindo a construção de tanques de engorda, a compra de juvenis, as reparações e a manutenção, a mão de obra, a alimentação, a eletricidade e o combustível. O rendimento líquido da produção em regime de engorda foi calculado ao preço atual de mercado do *P. monodon*. O rendimento bruto por ciclo de produção foi calculado a partir do rendimento total multiplicado pelo preço de venda. O rendimento líquido por ciclo de produção foi calculado a partir do rendimento bruto menos o montante total dos custos por ciclo de produção.

Análise de dados

Todos os dados são apresentados como média ± desvio padrão (S.D.). Os valores médios foram comparados entre os tratamentos e o controlo através de uma análise de variância (ANOVA) unidirecional utilizando o SPSS para Windows versão 11.2 (SPSS, Chicago, IL, EUA).

RESULTADOS

Descrição da zona de estudo

A aquicultura do camarão é um importante sector de recursos renováveis em Kollam. A criação de camarão concentra-se principalmente na zona de águas salobras da ilha de Manroe, que se situa administrativamente no distrito de Kollam, em Kerala (placa 2.3). A zona de remanso da ilha de Manroe serve de fonte para projectos de pesca e aquicultura e desempenha um papel importante na ecologia e no turismo. As explorações de pequena escala são, de longe, as mais abundantes nesta zona. A indústria de criação de camarão desenvolveu-se rapidamente desde o início da década de 1990, tendo agora entrado em declínio devido a vários factores. O ambiente em torno das zonas de criação de camarão foi parcialmente responsável pela recessão da criação de camarão. Uma das razões é a poluição causada por águas residuais domésticas/industriais e efluentes de esgotos. Recentemente, a bacia do rio Kallada, na ilha de Munroe, sofreu uma rápida alteração. As florestas originais de planície e de pântano perderam-se devido à conversão em povoações humanas ilegais, plantações agrícolas e zonas de extração rigorosa de areia.

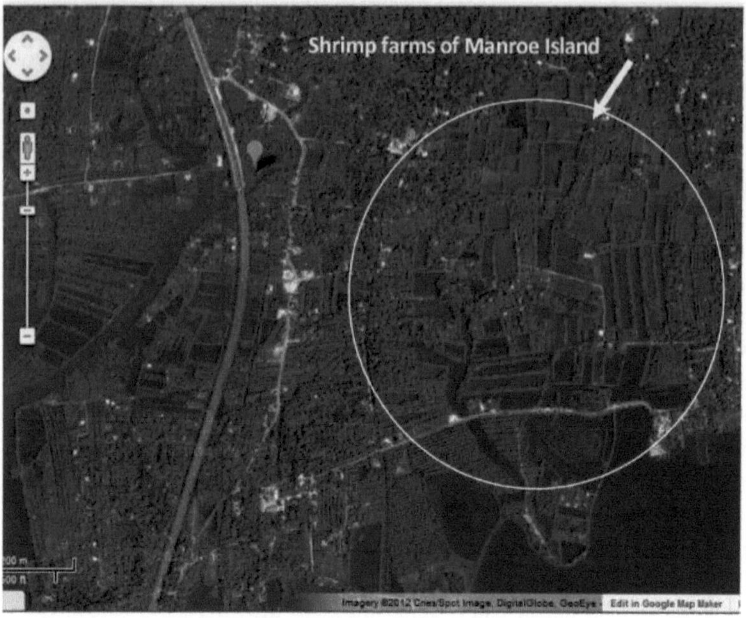

Placa 2.3. Imagem de satélite (Google Earth) da área de estudo da ilha de Manroe

Resultados globais

Os resultados gerais da análise comparativa dos dados de produção de camarão entre as fazendas tratadas com dois alimentos comerciais diferentes são mostrados na Tabela 2.6. Os ensaios de cultivo de camarão-tigre foram realizados durante 100 dias (de novembro de 2009 a março de 2010) com a ajuda de produtores de camarão da Ilha Manroe. Os ensaios de cultura foram realizados em seis tanques para investigar a taxa de sobrevivência e o desempenho de crescimento de camarões alimentados com dois alimentos comerciais diferentes. Nas presentes condições experimentais, as taxas de sobrevivência dos camarões alimentados com ração C.P. foram significativamente mais elevadas do que as da ração Godrej. O peso médio do corpo, comprimento, SGR e FCR para os camarões alimentados com a ração C.P. também foram maiores. O uso total de ração (Kg ha^{-1}) variou significativamente entre as fazendas.

Quadro 2.6. Resultados globais obtidos nos ensaios de campo utilizando os dois alimentos comerciais

Particularidades	Alimentação C.P.	Alimentação Godrej
Peso corporal médio	27.5±1.2	25.2±1.5
% de sobrevivência (média)	69.65	61.8
FCR	1.74	2.06
Taxa média de produção/lagoa (Kg)	453	371
Custo médio de produção/lagoa (Rs)	1,32,899.00	1,26,505.00
Rendimentos médios /lagoa (Rs)	1,97,532.00	1,54,235.00

Lucro médio por tanque (Rs)	64,633.00	27,730.00

Taxa de sobrevivência

As taxas de sobrevivência dos camarões alimentados com ração C.P. e ração Godrej são mostradas na figura 2.1. A porcentagem média de sobrevivência dos camarões entre os dois grupos de fazendas variou moderadamente. No presente estudo, a porcentagem média de sobrevivência dos camarões alimentados com ração C.P. nos três tanques de teste foi de 69,65%. A taxa de sobrevivência observada entre os viveiros tratados com ração C.P. não apresentou diferença significativa. Os camarões nos tanques tratados com ração Godrej apresentaram uma média moderada de sobrevivência percentual de 61,8%. Em ambos os grupos de viveiros experimentais, ocorreram 30 a 38% de mortalidade.

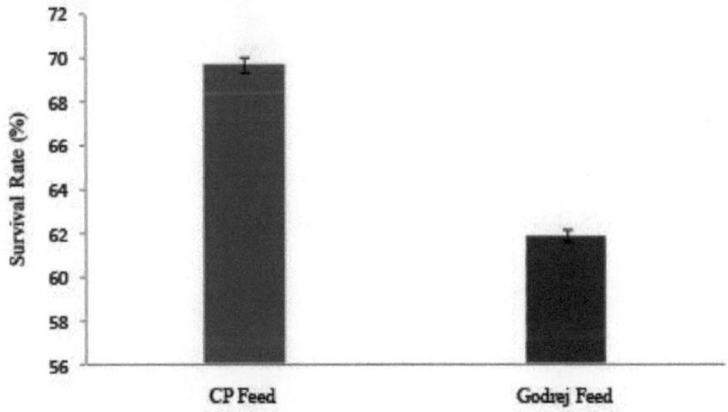

Figura 2.1. Comparação da taxa de sobrevivência entre camarões tratados com ração C.P. e

Camarões tratados com ração Godrej

Desempenho de crescimento

Os dados relativos aos desempenhos de crescimento dos camarões (peso corporal médio, comprimento, taxa de crescimento específico e FCR alimentados com diferentes tipos de ração comercial (DOC 100) são apresentados nas figuras 2.2.A, 2.2.B, 2.2.C e 2.2.D. O crescimento, o peso corporal e a FCR em ambos os grupos tratados aumentaram, mas foram evidentes diferenças significativas entre os grupos. O comprimento médio do corpo e o peso médio do corpo observados nos camarões alimentados com ração C.P. foram significativamente maiores do que os dos viveiros tratados com ração Godrej. O ABL e o ABW dos camarões tratados com ração C.P. após 98 dias de cultivo foram de 18,5±1,2 cm e 27,5±1,2 g, enquanto os tratados com ração Godrej apresentaram os valores mais baixos de 16,8±1,3 cm e 25,2±1,5 g, respetivamente. No caso dos camarões alimentados com ração C.P., obtiveram o SGR mais elevado do que os alimentados com ração Godrej. A FCR do grupo tratado com ração C.P. segue o mesmo padrão que a SGR. Os camarões alimentados com a ração C.P. apresentaram uma TCA superior (mais baixa) à dos grupos tratados com a ração Godrej.

Os valores obtidos para o rácio de conversão alimentar foram de 1,74 nos tanques tratados com ração C.P. e de 2,06 nos tanques tratados com ração C.P. Tanques tratados com ração Godrej. O peso médio do corpo, o comprimento do corpo, o SGR e a FCR não diferiram significativamente entre os tanques tratados com a ração C.P. (Placa 2.4). Os resultados do presente estudo produziram uma boa sobrevivência geral, SGR, BW, BL e FCR com a ração comercial C.P. em *P. monodon.*

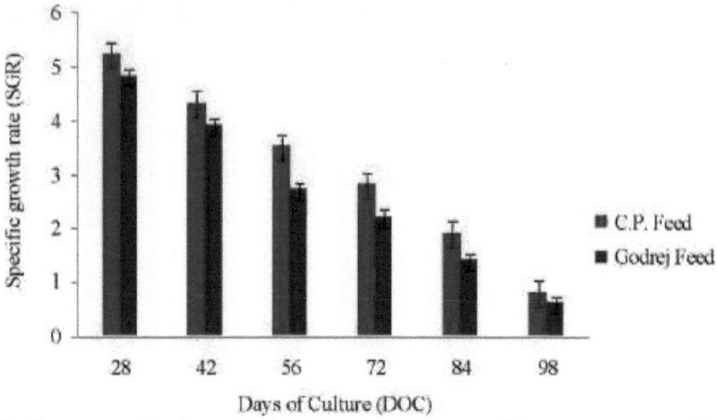

Figura 2.2.A. Comparação da taxa de crescimento específico entre camarões tratados com ração C.P. e camarões tratados com ração Godrej.

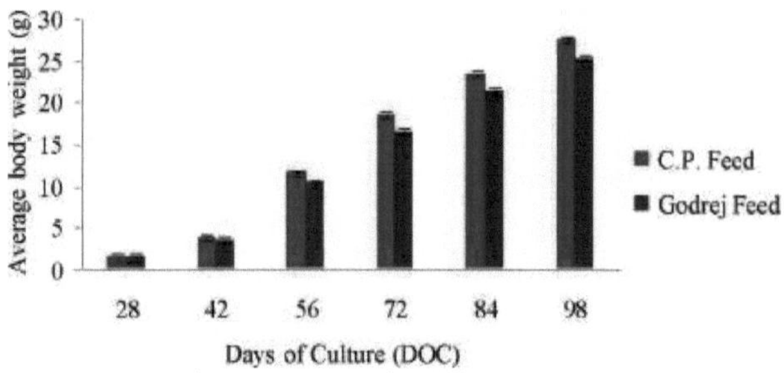

Figura 2.2.B. Comparação do peso corporal médio entre os camarões tratados com ração C.P. e os camarões tratados com ração Godrej.

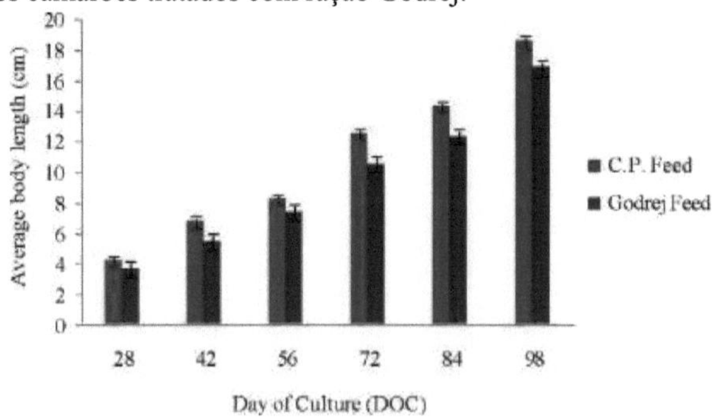

Figura 2.2.C. Comparação do comprimento médio do corpo entre os camarões tratados com ração C.P. e os camarões tratados com ração Godrej.

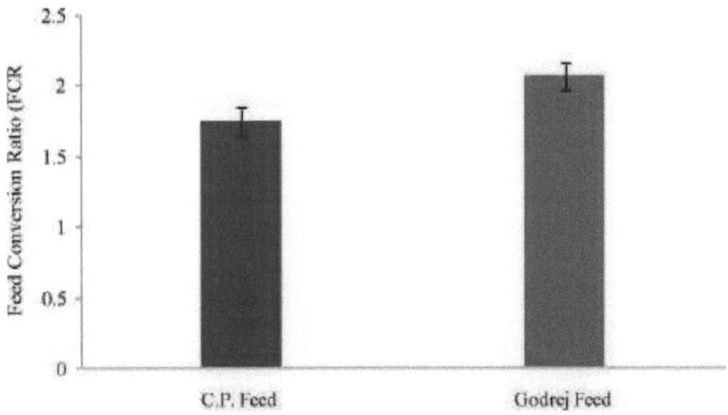

Figura 2.2.D. Comparação do rácio de conversão alimentar entre camarões tratados com ração C.P. e camarões tratados com ração Godrej

Placa 2.4. Camarão DOC com 70 dias de idade utilizado para a análise do crescimento

Análise de Vibrio

A Tabela 2.7 mostra as contagens de *Vibrio* de diferentes amostras de camarão testadas juntamente com as suas fontes e caraterísticas durante diferentes períodos de experimentação. O *Vibrio* spp. patogénico foi encontrado no hepatopâncreas, brânquias, carapaça e outras partes do corpo de todos os camarões recolhidos. A maioria das colónias apareceu como amarela no ágar TCBS; no entanto, algumas colónias verdes também estavam presentes no ágar TCBS, indicando a presença de outros *Vibrio* spp. A contagem *de Vibrio* dos camarões recolhidos durante o ^{10º} dia de amostragem foi insignificante. No entanto, a contagem *de Vibrio* aumentou no ^{50º} dia de cultura e foi significativamente diferente nos tanques alimentados com ração C.P. e com ração Godrej. No final da experiência (DOC 90), a contagem *de Vibrio* no tanque testado com a alimentação C.P. era de 5,3 X 10^3 CFU ml^{-1} e era significativamente mais baixa do que nos tanques testados com a alimentação Godrej (9,8 X 10^3 CFU ml^{-1}).

No início da experiência, a carga de *Vibrio* no tanque de camarão tratado com ração

C.P. e ração Godrej era mais ou menos semelhante. Posteriormente, a contagem *de Vibrio* aumentou repentinamente durante o período de cultivo médio e permaneceu inalterada até o final do experimento . Observou-se que a contagem *de Vibrio* aumentou durante o período médio de cultivo e foi significativamente maior no tanque tratado com a ração Godrej.

Tabela 2.7. Carga microbiana em amostras de tanques tratados com ração C.P. e ração Godrej

DOC	Carga microbiana na P.C. tanques tratados com ração		Carga microbiana em tanques tratados com ração Godrej.	
	Amostra de camarão	Água de criação	Amostra de camarão	Água de criação
DOC-50	2,5 X 10^2 a 9,2 x 10^2 CFU ml^{-1}	~10^2	7,5 X 10^2 a 1,7 x 10^3 CFU ml^{-1}	~10^2
DOC-90	5,3 X 10^3 CFU ml^{-1}	~10^3	9,8 X 10^3 CFU ml^{-1}	~10^3

Parâmetros hidrológicos

Durante a experiência, os parâmetros hidrológicos dos tanques de ensaio, tais como a salinidade, o oxigénio dissolvido, o pH e a temperatura, foram analisados trimestralmente (placa 2.5). Os parâmetros hidrológicos registados durante o período experimental foram anexados nas Tabelas 2.8 e 2.9. Os parâmetros hidrológicos observados durante os 100 dias de cultivo foram moderados e dentro de faixas aceitáveis para o crescimento e sobrevivência dos camarões.

Placa 2.5: Análise dos parâmetros físico-químicos

Análise económica

O custo total médio por ciclo de produção foi estimado em Rs. 1,32,899.00 nos tanques tratados com ração C.P., e nos tanques tratados com ração Godrej, foi de Rs. 1,26,505.00 (Tabela 2.10). O lucro líquido máximo foi obtido nos tanques tratados com ração C.P. (Rs. 64.633,00), e o mínimo foi obtido nos tanques tratados com ração Godrej (Rs. 27.730,00) (Tabela 2.11).

Tabela 2.8. Parâmetros físico-químicos dos tanques de ensaio (alimentação C.P.)

Parâmetros	DOC 14	DOC 28	DOC 42	DOC 56	DOC 70	DOC 84	DOC 98
DO (mg L ■)	5.3±0.27	5.2i0.32	5.4i0.64	5.6i0.17	5.Ü0.39	6.Ü0.28	5.3i0.23
pH	7.3±0.86	7.7i0.26	7.2i0.23	7.3i0.49	7.2i0.68	7.5i0.13	7.2i0.19
Salinidade	12.5i0.29	11.4i0.25	10.8i0.22	9.4i0.24	9.ЫO.32	8.4i0.57	8.8i0.31
Temperatura (°C)	30.Ü0.41	29.9i0.37	29.9i0.35	30.2i0.29	30.li0.94	28.6i0.31	29.li0.23

Média ± DP (и=3)

Tabela 2.9. Parâmetros físico-químicos dos tanques de ensaio (alimentação Godrej)

Parâmetro	DOC 14	DOC 28	DOC 42	DOC 56	DOC 70	DOC 84	DOC 98
DO (mg L ■)	5.4i0.38	5.4i0.62	5.5i0.29	5.2i0.12	5.7i0.25	6.7i0.22	5.8i0.32
pH	7.9i0.09	7.8i0.23	7.4i0.11	7.9i0.48	7.3i0.09	7.4i0.5	7.5i0.14
Salinidade	12.3i0.27	11.2i0.31	10.4i0.83	9.6i0.29	9.8i0.55	8.6i0.35	8.3i0.47
Temperatura	30.4i0.55	29.4i0.67	29.2i0.43	30.5i0.21	30.6i0.43	28.li0.72	28.2i0.38

(°C)		
Média ± DP (и=3)		

Tabela 2.10. Dados relativos aos custos operacionais médios de *P. monodon* cultivado em tanques tratados com ração C.P. e em tanques tratados com ração Godrej

Particularidades	P.C. de tanques tratados com ração (6 PLs m^{-2}) em Rs.	Lagoas tratadas com ração Godrej (6 PLs m^{-2}) em Rs.
Preparação do tanque (custos de mão de obra, diversos)	9,200	9,845
Sementes de chá	2,030	2,120
Cal	3,320	3,850
Ureia, superfosfato triplo (TSP) e bolo de mosca	2,440	2,130
Rede de obturadores	1,258	855
Tipos de equipamento de alimentação (tabuleiros de alimentação, caixotes de alimentação)	1,574	1,128
Semente	6,000	6,000
Motobomba (aluguer)	14,000	14,000
Custo dos alimentos para animais	53,891 (791 Kg)	48,346 (765 kg)
Gasóleo	4,376 (102 L)	5,251 (120 L)
Recursos humanos (observação de lagoas)	12,000	12,000
Encargos de eletricidade	1,600	1,780
Custo da colheita (mão de obra, bacias de colheita, transporte, etc.)	21,210	19,200
Custo total (Rs.)	1,32,899.00	1,26,505.00

Tabela 2.11. Detalhes da colheita média de *P. monodon* cultivado em tanques tratados com ração C.P. e tanques tratados com ração Godrej

Particularidades	P.C. lagoas tratadas com ração (6 PLs m^{-2})	Lagoas de tratamento de alimentos Godrej (6 PLs m^{-2})
Área da lagoa (acre)	0.8	0.8
Existências iniciais (N.º)	20,000	20,000
Total de dias de cultura	100	100
Peso corporal médio	27.5±1.2	24.2±1.5
Taxa de sobrevivência	69.65	61.8
FCR	1.74	2.06
Produção total (Kg)	453	371

Rendimento (Rs.)	1,97,532.00	1,54,235.00
Custo operacional total (Rs.)	1,32,899.00	1,26,505.00
Custo total de produção Kg^{-1} de camarão	293.3	340
Lucro líquido (Rs.)	64,633.00	27,730.00

DISCUSSÃO

Taxa de sobrevivência

A sobrevivência e o crescimento têm o maior impacto no desempenho económico da produção de camarão e a alimentação correta com alimentos de alta qualidade é essencial para ambos (Wyban et al., 1989). As taxas de sobrevivência observadas no presente estudo foram consideradas económica e tecnicamente moderadas quando comparadas com os resultados de outros autores (Krantz e Norris, 1975; Nunes e Parsons, 1998). No presente estudo, a taxa de sobrevivência dos camarões no grupo tratado com ração C.P. foi mais elevada do que nos grupos tratados com Godrej. No entanto, não houve diferença significativa nos valores da taxa de sobrevivência entre os tanques experimentais. A mortalidade observada no presente estudo pode ser devida a alterações ambientais, doenças, predação e canibalismo.

Desempenho de crescimento

Existem vários factores que afectam o crescimento dos animais, tais como a disponibilidade de alimentos, factores ambientais, a hierarquia social da população e as qualidades nutricionais dos alimentos (Parakarma et al., 2009). A produção bem-sucedida de camarões requer rações de alta qualidade, que devem conter não apenas os nutrientes necessários, mas também aditivos alimentares complementares para manter os organismos saudáveis, favorecer o crescimento e a aquicultura ecológica. Alguns dos aditivos alimentares mais utilizados para promover o crescimento incluem hormonas, ionosferas e alguns sais (Klaenhammer e Kullen, 1999). O desempenho de crescimento dos camarões alimentados com ração C.P. foi melhor do que o dos grupos alimentados com ração Godrej, sugerindo que a ração C.P. melhora a taxa de crescimento dos camarões. A maior percentagem de peso corporal e comprimento foi registada em

O grupo alimentado com ração C.P.. Obtiveram-se resultados semelhantes para a RCF e a RCS. Este facto pode ser atribuído à boa qualidade dos ingredientes da ração e a uma maior percentagem de proteínas na ração C.P.. Além disso, ingredientes como o óleo de fígado de bacalhau, arroz quebrado, colesterol e fosfolípidos estavam presentes na ração C.P. quando comparada com a ração Godrej. O menor desempenho de crescimento exibido pelos camarões tratados com a ração Godrej pode ser devido à menor qualidade nutricional dos ingredientes da ração. O SGR é usado em camarões com a suposição de que os meios populacionais têm um efeito calmante sobre o padrão de crescimento intermitente causado pela muda (Nair e Sridhar, 2003). Melhorar a TCA é um meio significativo de redução de custos. A FCR de *P. monodon*

(1,73) em viveiros tratados com ração C.P. observada no presente estudo parece ser comparável àquelas relatadas por Sundarapandian *et al.* (2009).

Análise microbiológica

Os moluscos, como todos os organismos marinhos, desenvolvem-se num ecossistema que contém um grande número de bactérias, entre as quais podem ser frequentes espécies oportunistas. Devido à natureza ubíqua de *Vibrio* spp. em ambientes aquáticos marinhos, é de esperar a presença de *Vibrio* spp. na água do mar e na maricultura, e as medidas de controlo da qualidade da água não deram um contributo substancial neste contexto (Dalsgaard, 1998). A fim de alcançar o sucesso económico, a carga microbiana na água e no corpo do camarão é uma consideração essencial. No presente estudo, foi observada uma tendência crescente na carga de *Vibrio* em direção ao COD na água e nas amostras de camarão recolhidas de todos os tanques de cultura. No entanto, a carga microbiana na água de criação de camarões alimentados com ração C.P. foi menor quando comparada com a do tanque. A tendência de aumento da população *de Vibrio* spp. pode ser devida à acumulação de matéria orgânica proveniente da ração não alimentada no fundo do tanque. Além disso, o consumo de ração do grupo alimentado com ração Godrej foi menor do que o do grupo alimentado com ração C.P. Em viveiros semi-intensivos e intensivos de camarão, quantidades significativas de matéria orgânica podem acumular-se nos sedimentos do fundo. A ração foi aplicada para aumentar o crescimento dos camarões e depositar-se no fundo, onde 30% não é consumida pelos camarões. Os nutrientes inorgânicos libertados para a água a partir da decomposição microbiana da ração não consumida, dos excrementos e das mudas estimulam o crescimento da microvegetação do tanque. Da mesma forma, a carga de *Vibrio* do grupo alimentado com ração C.P. foi mais moderada do que a dos camarões tratados com ração Godrej. Isso pode ser devido à diferença na qualidade dos ingredientes presentes na ração, e em camarões bem nutridos a incidência de doenças também é baixa. A presença de *Vibrio* spp. como forma bacteriana dominante no ambiente de cultivo de camarão durante todo o período de cultivo está de acordo com estudos anteriores (Ping e Meimei, 1994; Sharmila et al., 1996). A presença de um maior número de *Vibrio* spp. no final do período de cultivo concorda com os relatórios anteriores de Nash *et al.* (1992) e Karunasagar *et al.* (1994). A alimentação não equilibrada dos viveiros de camarões leva à acumulação de resíduos de azoto orgânico no sedimento do viveiro. Estes resíduos são posteriormente convertidos em azoto amoniacal e podem ser tóxicos para os camarões. Além disso, os resíduos de nutrientes nos efluentes da água de cultivo de camarão podem causar um grave problema ambiental devido à ocorrência de eutrofização.

Parâmetros hidrológicos

Foi relatado que a qualidade da água dos viveiros não só afecta o crescimento do camarão e a taxa de sobrevivência, mas também afecta a precisão dos resultados da experiência (Chim et al., 2008). Assumiu-se que o principal fator que afecta a qualidade da água são as mudanças sazonais que ocorreram durante o período experimental. Os valores da temperatura da água registados no presente estudo foram semelhantes aos valores recomendados para a criação de *P. monodon* (Ramanathan et al., 2005). Kinne (1971) reconheceu que a temperatura e a salinidade são consideradas como os factores físicos mais importantes que influenciam os organismos marinhos e que os efeitos biológicos destes factores são complexos e abrangentes. A temperatura teve um efeito considerável na atividade geral, no consumo de alimentos e no crescimento do camarão. A concentração de oxigénio é a variável limitante importante da qualidade da água na criação de camarões. O valor observado de DO estava dentro da faixa para o cultivo de camarões peneídeos (Soundarapandian e Gunalan, 2008). As actividades metabólicas são reguladas pela concentração de oxigénio (Rosas et al., 1997). O nível crítico de oxigénio para o *P. monodon* foi registado como estando entre 4 e 4,3 (Liao e Chien, 1994). Uma concentração de oxigénio inferior a 2 mg L^{-1} reduziu significativamente o crescimento e a sobrevivência de *P. monodon* (Seidman e Lawrence, 1985). Os valores de pH no presente estudo estavam dentro da faixa preferível, sem diferença significativa entre os tanques (Ramanathan et al., 2005).

Muitos consultores afirmam ter fórmulas para a alimentação dos camarões que não poluem a água. Este tipo de ração é biologicamente impossível, pois exigiria que 100% da ração fosse convertida em carne de camarão. No entanto, a seleção de alimentos de alta qualidade e a utilização de boas práticas de alimentação podem reduzir a quantidade de resíduos provenientes dos alimentos. Uma ração de alta qualidade proporciona um bom rácio de conversão alimentar, pelo que os camarões produzem menos excrementos. A ração deve ser aplicada de modo a que os camarões comam toda a ração. Estas medidas de segurança reduzirão os resíduos e aumentarão os lucros. Por conseguinte, é importante manter a cultura com êxito através de uma preparação adequada dos viveiros, da sementeira de larvas de qualidade com uma densidade de povoamento moderada, de rações de alta qualidade, da gestão da alimentação, de uma boa qualidade da água, de menos desperdício de ração e de uma monitorização de rotina. Isto reduzirá a carga bacteriana e, em última análise, reduzirá a possibilidade de surtos de doenças.

Com base nos dados observados, o Capítulo 2 pode ser concluído da seguinte forma:

> A taxa de sobrevivência dos camarões alimentados com ração C.P. e com ração Godrej no tanque tratado variou moderadamente.

> O comprimento médio do corpo e o peso do camarão alimentado com ração C.P. foram os mais elevados.

> O estudo também demonstra que o SGR, o FCR e a produtividade total dos tanques alimentados com ração C.P. foram significativamente mais elevados do que os dos tanques tratados com ração Godrej.

> A qualidade da água dos diferentes tanques experimentais durante o período experimental foi adequada para o crescimento normal do camarão-tigre preto (*P. monodon*).

> Por conseguinte, é razoável esperar que se obtenha um melhor desempenho em termos de crescimento e uma menor TCA com a utilização de alimentos de melhor qualidade, como os alimentos C.P., nestas condições experimentais.

CAPÍTULO III

EFEITO DA DENSIDADE POPULACIONAL NA SOBREVIVÊNCIA E DESEMPENHO DO CRESCIMENTO DE *PENAEUS MONODON*

INTRODUÇÃO

A criação de camarão é uma atividade económica baseada na agricultura em muitos países em desenvolvimento, que permite ganhar divisas e dar emprego às populações pobres da costa. A procura de camarões de viveiro no mercado mundial, nomeadamente no Japão, nos Estados Unidos e na Europa, provocou um aumento da produção de camarões. *O Penaeus monodon* é uma das espécies eurihalinas comercialmente importantes do mundo, adequada para a maricultura. É a espécie de eleição devido à sua elevada taxa de crescimento, tolerância significativa ao stress ambiental, facilidade de reprodução e procura inquestionável no mercado. Este camarão pode ser cultivado em tanques, gaiolas e arrozais em regimes intensivos, semi-intensivos ou policulturais. A criação de camarão tem sido considerada uma prioridade máxima para a sustentabilidade da indústria da aquicultura na Índia. As infra-estruturas disponíveis para produzir sementes de camarão e transformar o camarão foram úteis para apoiar a cultura do camarão.

A produção de camarão pode ser aumentada pela aplicação de técnicas modernas de cultivo, como a intensificação da operação de cultivo por meio da regularização do tamanho dos tanques, aumento da taxa de estocagem, emprego de aeração, aplicação de ração formulada, etc. Foi relatado que o crescimento e a produção de espécies cultivadas dependem da densidade populacional (LeCren, 1962, 1965; Backiel e LeCren, 1967). Nas condições de cultura, a manipulação da densidade populacional é, por conseguinte, extremamente importante para maximizar a produção. A densidade dos camarões é um dos factores zootécnicos importantes que influenciam diretamente a sua sobrevivência, crescimento, comportamento, saúde, alimentação, rendimento e lucro. As densidades elevadas podem interferir com as interações intra-populacionais e, eventualmente, afetar o ganho de biomassa. A densidade de povoamento foi considerada como sendo cronicamente stressante para os animais aquáticos criados (Vijayan e Leatherland, 1988). Vários estudos demonstraram também que o aumento da densidade populacional tem um efeito negativo na sobrevivência e no crescimento (Penha-Lopes et al., 2006; Schram et al., 2006), exceto em algumas espécies de peixes que apresentam um comportamento de cardume (JOrgensen et al., 1993; Papoutsoglou et al., 1998).

Atualmente, *o P. monodon* é criado em tanques com quatro níveis de intensificação diferentes: extensivo, semi-intensivo, intensivo e super-intensivo (Wickins e Lee, 2002). Estes sistemas diferem basicamente pelo grau de intervenção do produtor, pela densidade de povoamento e pela produtividade pretendida. As espécies de peneídeos adaptam-se muito bem aos sistemas extensivos e semi-intensivos, atingindo produtividades de 500 e 1200 Kg ha^{-1} ano^{-1}, respetivamente. Os sistemas intensivos e super-intensivos, com produtividades até 10.000 e 50.000 Kg ha^{-1} ano^{-1}, respetivamente, têm sido utilizados com camarões peneídeos (Wickins e Lee, 2002). Na indústria da criação de camarão, os agricultores têm de determinar a densidade óptima dos animais criados para maximizar a produção e a rentabilidade. Para obterem uma produtividade elevada, os aquicultores colocam uma maior densidade de camarões nos tanques e praticam a sobrealimentação. Como resultado, resíduos como nutrientes dissolvidos, alimentos não consumidos e produtos metabólicos são direta ou indiretamente libertados para o ambiente circundante, causando uma eutrofização acelerada dessas águas. Em

Nestas condições de cultura, os camarões são vulneráveis a muitos factores bióticos e abióticos, resultando frequentemente numa produção miserável. É necessário estudar a densidade de povoamento do camarão, a fim de propor a densidade de povoamento óptima.

O aumento da densidade de peixes e camarões em tanques geralmente aumenta a deterioração do sedimento do tanque (Blackburn et al., 1988; Garnier e Barillier, 1991; Ray e Chien, 1992), aumenta a suscetibilidade dos camarões a doenças (Hanson e Goodwin, 1977; Baticados et al., 1986; Doubrovsky et al, 1988), diminui o crescimento dos camarões (Sandifier et al., 1987; Ray e Chien, 1992; Daniels et al., 1995; Palomino et al., 2002), aumenta a pressão sobre os recursos alimentares naturais (Hopkins et al., 1988; Allan e Magurie, 1992), reduz a eficiência da conversão alimentar (Sandifier et al., 1987; Martin et al., 1998) e aumenta o custo total da alimentação (New, 1987). Os rendimentos e lucros óptimos para utilizar a densidade animal mais elevada são relativos às taxas de sobrevivência e de crescimento (Hanson e Goodwin, 1977), ao rendimento, à dimensão da exploração e ao preço de mercado (Hardman et al., 1991).

O mecanismo fisiológico e comportamental que regula o efeito da densidade de povoamento no crescimento e sobrevivência do camarão não está bem documentado. Em geral, as pressões resultantes da má qualidade da água, do canibalismo e da disponibilidade de alimentos sugerem que se evitem densidades de povoamento mais elevadas. No entanto, a falta de povoamento, particularmente na fase pós-larval, diminui a eficiência da produção de toda a incubadora. Por outro lado, as experiências sobre o efeito das densidades de povoamento no crescimento e na sobrevivência em condições de campo conduziram a resultados contraditórios.

A densidade óptima de sementes num tanque deve ser determinada em função da capacidade de produção do tanque e do sistema de cultura.

Incluindo a qualidade do solo e da água, a disponibilidade de alimentos e as variações sazonais, a produção-alvo e a experiência dos agricultores (Ramanathan et al., 2005). A densidade animal entre 10-20 PLs m^{-2} foi considerada ideal para o tipo de explorações semi-intensivas (Ramanathan et al., 2005; Soundarapandian e Gunalan, 2008). No entanto, o presente estudo foi realizado com a densidade animal recomendada para explorações extensivas modificadas.

O crescimento do camarão numa densidade de povoamento elevada é geralmente limitado pela qualidade da água. Uma densidade de povoamento mais elevada exigirá mais alimentos e também produzirá mais resíduos (Folke e Kautsky, 1992). A densidade de estocagem e a freqüência de alimentação afetaram a variação de tamanho entre indivíduos de tamanho inicialmente uniforme. O risco de doenças na cultura do camarão aumenta frequentemente com a intensidade da cultura e com densidades de povoamento elevadas. As densidades elevadas dos viveiros facilitarão a propagação de agentes patogénicos entre viveiros. Esperava-se que a incidência de doenças aumentasse com a densidade de povoamento, devido à maior frequência de contacto entre os animais. Em áreas com alta densidade de viveiros, os poluentes químicos e biológicos emitidos são recirculados entre as fazendas e, consequentemente, o grau de auto-poluição aumenta. Com o aumento da densidade de camarões, a gestão torna-se mais difícil, e o agricultor pode tentar esterilizar o ambiente do tanque com antibióticos, cloro, formaldeído, etc. (primavera, 1993; Barg e Lavilla-Pitogo, 1996).

As relações entre densidade, tamanho médio, sobrevivência e rendimentos de camarões cultivados de forma semi-intensiva não são bem compreendidas. O tamanho do camarão na colheita pode não ser proporcional à densidade, e a sobrevivência do camarão armazenado geralmente diminui com o aumento da densidade. Os rendimentos estão normalmente relacionados de forma linear com a sobrevivência, mas esta não está relacionada com o tratamento. Os resultados das estratégias de gestão, especialmente as relacionadas com

A alimentação e o crescimento não são altamente previsíveis. A agricultura de alta densidade requer mais energia externa sob a forma de fertilizantes, ração, arejamento e uma gestão muito rigorosa da qualidade da água, quando comparada com a agricultura de baixa densidade.

Neste contexto, o presente estudo foi concebido (Quadro 3) para elucidar a influência da densidade populacional e da taxa de troca de água na sobrevivência, no crescimento e na taxa de conversão alimentar aparente de *P. monodon.*

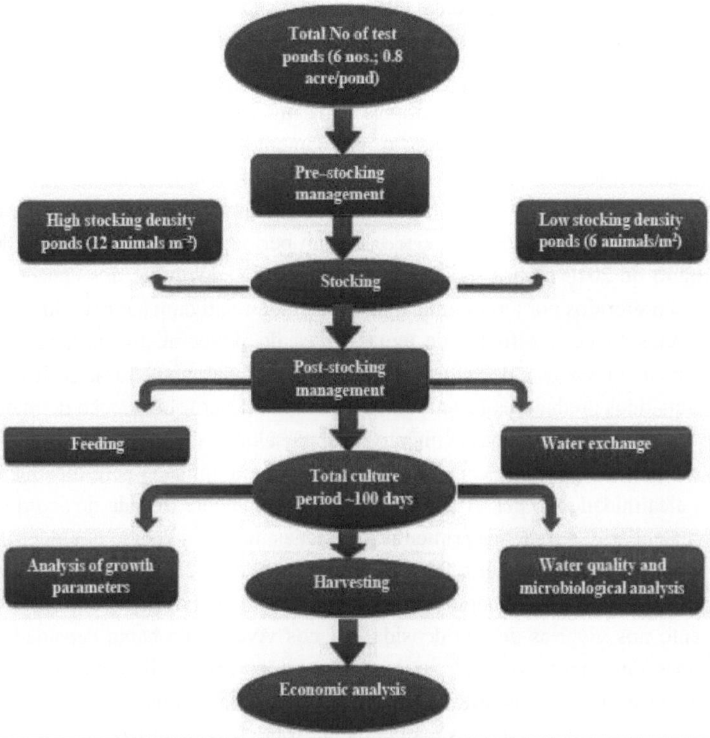
Total No of test ponds (6 nos.; 0.8 acre/pond)
Pre-stocking management
High stocking density ponds (12 animals m⁻²)
Low stocking density ponds (6 animals/m²)
Stocking
Post-stocking management
Feeding
Water exchange
Total culture period ~100 days
Analysis of growth parameters
Harvesting
Water quality and microbiological analysis
Economic analysis

Gráfico 3. Representação esquemática do protocolo utilizado para estudar o efeito da densidade populacional na sobrevivência e no desempenho do crescimento de *P. monodon*

Procedimento experimental

No total, foram selecionados seis tanques experimentais (três para o povoamento de alta densidade e os restantes para o povoamento de baixa densidade) para a experiência de cultura. Os tanques eram iguais em tamanho e semelhantes em forma, configuração da bacia de profundidade e localização geográfica nas diferentes regiões da ilha de Manroe, e a cultura foi realizada durante um período de quatro meses (~100 dias) de dezembro de 2010 a abril de 2010. Os tanques situados perto dos canais de água salobra são preferidos por terem uma água de entrada relativamente mais limpa do que os localizados longe das fontes de água. Antes do povoamento, os tanques foram completamente drenados e deixados a secar. Os peixes estranhos, caranguejos e outros animais aquáticos predadores foram removidos como descrito na secção de materiais e métodos do Capítulo II. O abastecimento de água salobra aos tanques foi mantido por bombagem diária a partir do canal adjacente. A cal era aplicada periodicamente para manter a alcalinidade e o pH. A água salobra foi geralmente trocada de acordo com o seguinte calendário: durante as primeiras 4 semanas, não se efectuou qualquer troca de água e, a partir daí, a troca diária foi feita a uma taxa de 10-25% do volume do tanque, de acordo com a densidade populacional. A biomassa inicial média e a densidade de povoamento nos viveiros de alta densidade e nos viveiros de baixa densidade foram apresentadas em anexo no quadro 3.1. Os camarões foram alimentados com ração comercial (ração C.P.) de acordo com a taxa e o horário recomendados por Mohanty (2001). As rações foram dispersas manualmente sobre a água, utilizando um barco que atravessava o tanque. A monitorização dos parâmetros de qualidade da água, tais como a temperatura, o pH e o oxigénio dissolvido (OD), foi efectuada de duas em duas semanas até ao final do período experimental (placa 3.1).

A amostragem dos camarões foi feita quinzenalmente e as medidas do comprimento e do peso corporal de cerca de 200 camarões do total do stock em cada tanque foram registadas para determinar a taxa de crescimento. Os camarões foram cultivados durante ~100 dias. Um dia antes da colheita, o nível da água em cada tanque foi baixado ao máximo. Nos dias seguintes, os camarões foram apanhados com uma rede de fundição, e os restantes camarões foram colhidos manualmente dos tanques. Todos os camarões colhidos foram contados e pesados em massa. Foram determinadas a taxa de sobrevivência, o peso médio do corpo, as taxas de produção por tanque e o rácio de conversão alimentar (FCR) global.

Quadro 3.1. Pormenores dos ensaios de cultura em tanques de água salobra na ilha de Munroe

Particularidades	**Lagoas de alta densidade**			**Lagoas de baixa densidade**		
	1	2	3	4	5	6
Dimensão da lagoa (acre)	0.8	0.8	0.8	0.8	0.8	0.8
Número total de	40,000	40,000	40,000	20,000	20,000	20,000

sementes armazenadas						
Densidade populacional (animais m-^{2})	12	12	12	6	6	6
Mês e ano de armazenamento	Dez-2010	Dez-2010	Dez-2010	Dez-2010	Dez-2010	Dez-2010
Biomassa inicial no povoamento (g)	4.14	4.17	4.12	4.12	4.15	4.22
Alimentação	C.P.	C.P.	C.P.	C.P.	C.P.	C.P.
Dias de cultura	~100	~100	~100	~100	~100	~100

Placa 3.1. Operação de troca de água das lagoas de rasto na ilha Munroe

Análise microbiológica

As amostras de camarão e de água foram recolhidas periodicamente durante o DOC-10, DOC-50 e DOC-90 de cada tanque. As amostras de água foram conservadas em frascos estéreis com tampa de rosca e acondicionadas em gelo, tendo sido colocadas em placas no prazo de 5 horas após a recolha. Antes do plaqueamento, os camarões foram cuidadosamente lavados com água esterilizada, dissecados e macerados em solução salina. Cada amostra foi testada quanto à presença e enumeração de espécies bacterianas psicrotróficas, particularmente *Vibrio* spp. As contagens de *Vibrio* na água do tanque e nos homogenatos de camarão foram determinadas com o método da placa espalhada, colocando 0,1 ml de diluições apropriadas em ágar TCBS. As placas foram incubadas a 28 °C durante 24 horas. Todas as colónias foram contadas como unidades formadoras de colónias (CFU mL^{-1}) da amostra. O procedimento para a contagem e identificação de *Vibrio* foi descrito anteriormente no Capítulo II.

Análise económica

Foi realizada uma avaliação económica preliminar de cada tanque experimental para determinar os rendimentos económicos, tal como descrito nos capítulos anteriores.

Análise estatística

As análises estatísticas foram efectuadas com recurso ao software SPSS para a versão Windows.

11.2 (SPSS, Chicago, IL, EUA). As diferenças foram consideradas significativas ao nível de 0,05. Todas as médias foram apresentadas com desvio-padrão (DP).

RESULTADOS

Resultados globais

Os tanques experimentais foram colhidos após quatro meses de cultura. No presente estudo, a densidade de estocagem mostrou uma clara influência na taxa de sobrevivência, no peso corporal final, na taxa de crescimento específico, no consumo de alimentos e na FCR. A taxa de sobrevivência final e o peso dos camarões nos viveiros experimentais de DL foram comparativamente mais elevados do que nos de HDP. Os camarões cultivados em tanques de alta densidade apresentaram baixa capacidade de sobrevivência, combinada com altas taxas de conversão alimentar (FCR). A análise comparativa dos dados de produção de camarão entre as fazendas com duas densidades de estocagem diferentes é mostrada na Tabela 3.2. Nos viveiros experimentais HD, a deterioração da qualidade da água (parâmetros de variação significativa como pH e DO) tem ocorrido continuamente. Além disso, a mortalidade dos camarões é frequentemente observada nas explorações HD. A produção média dos viveiros experimentais HD e LD foi de 582 kg e 439 kg por viveiro [1] e diferiu significativamente entre os viveiros experimentais HD e LD.

Quadro 3.2. Resultados globais obtidos nos ensaios de campo em tanques de baixa densidade e de alta densidade de povoamento

Particularidades	**Lagoas de baixa densidade (6 PLs m^{-2}) em Rs**	**Lagoas de alta densidade (12 PLs m^{-2}) em Rs**
Peso corporal médio	27.8±1.8	24.6±1.3
% de sobrevivência (média)	68.4	51.7
FCR	1.83	2.3
Taxa média de produção pond-[1] (Kg)	439	582
Custo médio de produção pond-[1] (Rs.)	1,36,556.00	1,90,711.00
Rendimentos médios por lago[1] (Rs.)	1,88,575.00	2,03,700.00
Lucro médio por lago[1] (Rs.)	52,0019.00	12,989.00

Taxa de sobrevivência

No final do período experimental, os camarões cultivados em baixa densidade de povoamento apresentaram uma excelente taxa média de sobrevivência do que os da cultura em HD. As taxas de sobrevivência dos camarões cultivados em baixa densidade não diferiram significativamente. A taxa de sobrevivência dos camarões cultivados em tanques experimentais LD foi superior a 68,4% (Figura 3.1), enquanto a sobrevivência dos camarões cultivados em alta densidade foi significativamente inferior (51,7%).

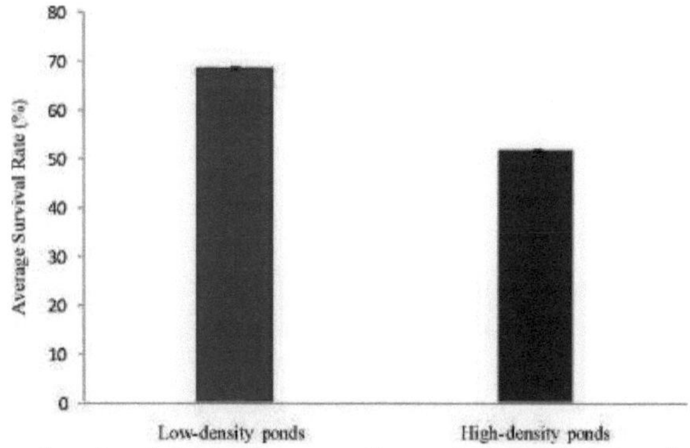

Figura 3.1. Taxa de sobrevivência dos camarões em tanques de baixa densidade e de alta densidade

Desempenho de crescimento

Os incrementos de crescimento em comprimento e peso em intervalos de quinze dias para camarões em condições de cultivo de alta e baixa densidade são apresentados nas figuras 3.2.A, 3.2.B, 3.2.C, 3.2.D e na placa 3.2. Verificou-se que a taxa de crescimento foi negativamente afetada pelo aumento das densidades de povoamento. O crescimento máximo foi observado nos camarões cultivados em tanques de baixa densidade. Os camarões cultivados em baixa densidade de estocagem apresentaram padrões de crescimento semelhantes durante todo o período de cultivo. No momento da despesca, o peso corporal médio e o comprimento dos camarões cultivados em LD experimental.

O peso acumulado e o SGR dos camarões cultivados nos viveiros LD foram de 27,8 g e 18,5 cm, respetivamente. O peso acumulado e o SGR dos camarões cultivados em tanques LD foram notavelmente mais elevados do que os dos tanques HD. Não foram encontradas diferenças significativas entre o SGR dos camarões cultivados em baixa densidade. Da mesma forma, os valores de FCR dos camarões em tanques LD foram significativamente melhores do que aqueles criados em tanques experimentais HD. No final do cultivo, o valor médio da FCR dos camarões criados nos viveiros LD foi de 1,8, enquanto os camarões dos viveiros HD apresentaram um valor de FCR de 2,3. A taxa de produção média por viveiro LD foi de 439 kg, enquanto que 582 kg para o viveiro HD.

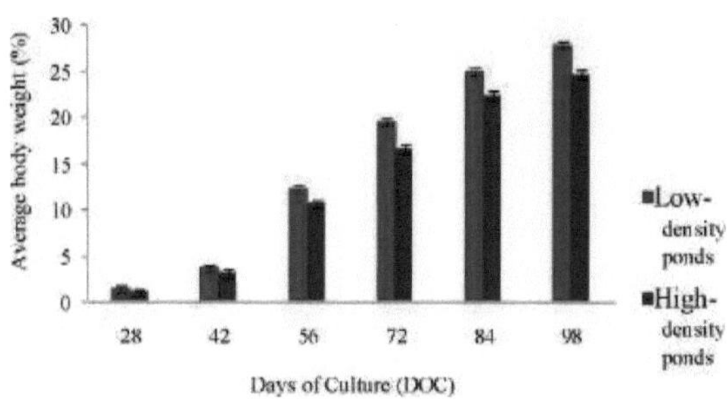

Figura 3.2.A. Peso corporal médio dos camarões em tanques de baixa e alta densidade.

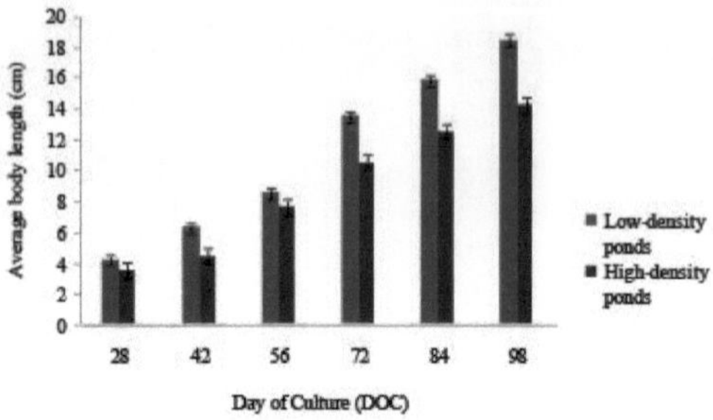

Figura 3.2.B. Comprimento médio do corpo dos camarões em tanques de baixa e alta densidade.

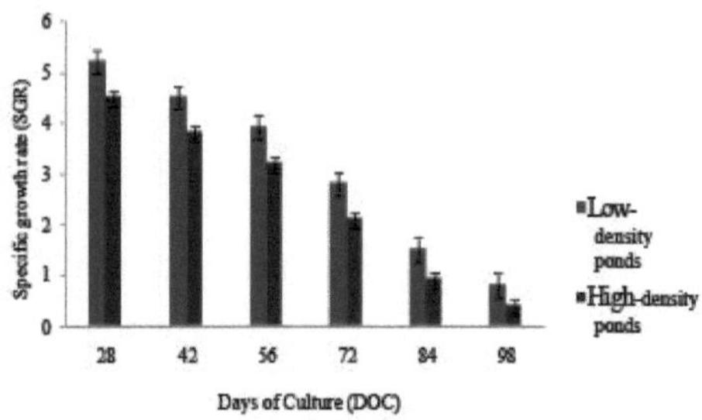

Figura 3.2.C. Taxa de crescimento específico dos camarões em tanques de baixa e alta densidade.

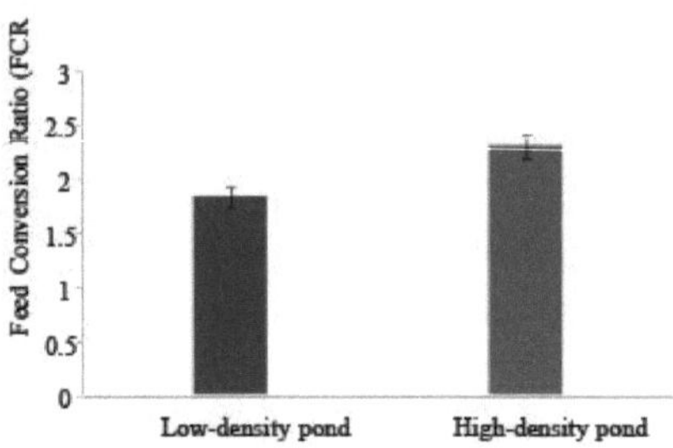

Figura 3.2.D. Rácio de conversão alimentar de tanques de baixa e alta densidade.

Placa 3.2. Camarão DOC com 70 dias de idade utilizado para a análise do crescimento

Os resultados da análise microbiológica estão resumidos na Tabela 3.3. Após 24 h de incubação em condições aeróbias, apareceram colónias no ágar TCBS. A forma das colónias era redonda; o diâmetro era <1 mm e as cores eram amarelo e verde. Verificou-se que todas as amostras de camarão recolhidas no DOC-10 estavam isentas de *Vibrio* spp. No entanto, no DOC-50, a presença de *Vibrio* spp. nas amostras dos tanques HD foi de 5,4 x 10^4 CFU ml-^{1,} e nos tanques LD, a carga de *Vibrio* foi de 8,8 x 10^2 CFU ml-^{1}. No DOC-90, a carga de *Vibrio* aumentou acentuadamente nas amostras colhidas nos tanques HD (>10^5), enquanto que no tanque LD, variou de 2,4 X 10^3 a 7,8 x10^3 CFU ml-^{1}.

Os dados microbiológicos indicam uma boa qualidade da água de cultivo da aquacultura durante o primeiro período de amostragem, em que a contagem *de Vibrio* foi baixa em todos os tanques testados e não foi significativamente diferente entre os tanques. Durante o período intermédio de cultura (DOC-50), as contagens foram mais elevadas nos tanques de alta densidade, que apresentaram contagens de *Vibrio* de 3,7 x 10^4 a 8,5 x 10^5 CFU ml-^{1}, enquanto que nos tanques de baixa densidade 2,8 X 10^3 a 5,6 X 10^3 CFU ml-^{1}. Na altura da colheita, as contagens *de Vibrio* nos tanques de alta densidade aumentaram acentuadamente de 5,7 x 10^6 para 1,8 x 10^7 CFU ml-^{1}.

Tabela 3.3. Carga microbiana nos tanques de baixa densidade e nos tanques de alta densidade

DOC .	**Carga microbiana em lagos de baixa densidade**		**Carga microbiana em tanques de alta densidade**	
	Amostra de camarão	Água de criação	Amostra de camarão	Água de criação
DOC 50	8,8 x 10^2 CFU ml-^{1}	103	5,4 x 10^4 CFU ml-^{1}	10^4 a 10^5
DOC-90	2,4 x 10^3 a 7,8 x10^3 UFC ml-1.	10^3	2,4 x 10^6 CFU ml-^{1}	10^6 a 10^7

Variáveis físico-químicas

Os valores médios dos parâmetros de qualidade da água estão resumidos na Tabela 3.4, 3.5 e na Placa 3.3. As variáveis físicas e químicas mostraram diferenças significativas entre os tanques de alta e baixa densidade. A temperatura da água e a salinidade ao longo do período experimental variaram de 26,1 a 30,5°C e 9,2 a 12,2^, sem diferenças principais ou constantes entre os tanques experimentais HD e LD; no entanto, o pH e o DO parecem significativamente diferentes entre os tanques experimentais (Tabela 3.4, 3.5 e placa 3.3).

Tabela 3.4. Parâmetros físico-químicos dos tanques de baixa densidade

Parâmetro	DOC 14	DOC 28	DOC 42	DOC 56	DOC 70	DOC 84	DOC 98
DO (mg L-[1])	6.4±0.26	6.2i0.34	6.Ü0.13	5.9i0.36	6.2i0.15	6.Ü0.13	5.9i0.14
pH	7.2±0.53	7.5i0.78	7.2i0.53	7.4i0.14	7.2i0.62	7.ЫO.34	7.3i0.29
Salinidade	12.2i0.42	12.liO.52	11.5i0.42	10.4i0.56	10.Ü0.47	9.4i0.54	9.2i0.28
Temperatura (°C)	26.ЫO.47	28.7i0.81	30.2i0.38	29.8i0.67	28.6i0.58	28.2i0.65	28.1i0.13

Média ± DP (w=3)

105

Tabela 3.5. Parâmetros físico-químicos dos tanques de alta densidade

Parâmetros	DOC 14	DOC 28	DOC 42	DOC 56	DOC 70	DOC 84	DOC 98
DO (mgL[1])	5.7i0.04	5.3i0.16	4.9i0.25	4.3i0.29	4.Ü0.21	4.3i0.17	4.Ü0.15
pH	7.2i0.37	7i0.26	6.8i0.19	6.Ü0.18	6.2i0.43	6.3i0.15	6.5i0.33
Salinidade	11.9i0.27	12.Ü0.41	11.5i0.35	10.8i0.05	9.7i0.54	8.9i0.84	8.5i0.36
Temperatura (°C)	27.5i0.32	28.1i0.51	30.5i0.37	30.li0.43	29.5i0.71	28.9i0.73	28.3i0.18

Média ± DP (w=3)

Placa 3.3. Análise dos parâmetros físico-químicos

Importância económica

A análise económica parcial indicada nos quadros 3.6 e 3.7 mostrou que os camarões criados com uma densidade de povoamento inferior foram mais rentáveis do que os camarões HD.

Tabela 3.6. Detalhes do custo operacional médio de *P. monodon* cultivado em tanques de baixa e alta densidade

Particularidades	**Lagoas de baixa densidade (6 PLs m-[2]) em Rs.**	**Lagoas de alta densidade (12 PLs m-[2]) em Rs.**
Preparação do tanque (custos de mão de obra, diversos)	9,742	11,884
Sementes de chá	2,534	2,940
Cal	3,426	4,950
Ureia, superfosfato triplo (TSP) e bolo de mosca	2,350	2,720

Rede de obturadores	1,425	2,140
Tipos de equipamento de alimentação (tabuleiros de alimentação, caixotes de alimentação)	1,322	2,028
Semente	6,000	12,000
Motobomba (aluguer)	14,000	14,000
Custo dos alimentos para animais	54, 912 (806 Kg)	93,338 (1,370 Kg)
Gasóleo	4,742 (104 L)	7,478 (164 L)
Recursos humanos (observação de lagoas)	12,000	12,000
Encargos de eletricidade	1,560	2,023
Custo da colheita (mão de obra, bacias de colheita, transporte, etc.)	22,543.00	23,210.00
Custo total (Rs.)	1,36,556.00	1,90,711.00

Tabela 3.7. Detalhe da colheita média de *P. monodon* cultivado em tanques de baixa densidade e de alta densidade

Particularidades	Lagoas de baixa densidade (6 PLs m-^{2}) em Rs.	Lagoas de alta densidade (12 PLs m-^{2}) em Rs.
Área da lagoa (acre)	0.8	0.8
Existências iniciais (N.º)	20,000	40,000
Dias de cultura	100	100
Peso corporal médio	27.8±1.8	24.6±1.3
Taxa de sobrevivência	68.4	51.7
FCR	1.83	2.3
Produção total (Kg)	439	582
Rendimento (Rs.)	1,88,575.00	2,03,700.00
Custo operacional total (Rs.)	1,36,556.00	1,90,711.00
Custo total de produção / Kg de camarão	311	327
Lucro líquido (Rs.)	52,0019.00	12,989.00

DISCUSSÃO

A densidade populacional é um fator importante que determina a viabilidade económica do sistema de produção. No presente estudo, a densidade de povoamento mais elevada resultou num rendimento mais baixo. O rendimento foi o produto da densidade inicial de povoamento, da sobrevivência e do crescimento individual. Registou-se um aumento significativo da mortalidade com o aumento da densidade. A sobrevivência média durante o período de cultivo foi de 51,7% nos tanques de alta densidade e de 68,4% nos tanques de baixa densidade. Não houve diferença na taxa de sobrevivência dos camarões entre os tanques de LD. Este crescimento prejudicado pela densidade de povoamento pode ser atribuído à redução do consumo de alimentos, à baixa taxa de conversão alimentar ou ao aumento do custo metabólico (Jorgensen et al., 1993; Li e Brocksen, 1977; Vijayan e Leatherland, 1988). As taxas de crescimento e mortalidade diferiram consideravelmente com o tempo. A taxa de crescimento específico foi elevada no início do período experimental e diminuiu continuamente à medida que a experiência avançava. A taxa de mortalidade também foi elevada nos primeiros meses, tendo depois diminuído para um nível baixo após dois meses.

O crescimento e a sobrevivência dos camarões diferiram como esperado entre os tratamentos, com o melhor crescimento e sobrevivência na densidade mais baixa. No presente estudo, foi observada uma tendência óbvia de diminuição da sobrevivência de *P. monodon* com o aumento da densidade de povoamento. Este facto está de acordo com os resultados de Chakraborty *et al.* (1997), que referiram que *o P. monodon* povoado com 8 animais/m^2 apresentava maior mortalidade, menor ganho de peso e maior consumo de alimentos. O efeito da densidade de povoamento no crescimento do camarão é controverso. A densidade de povoamento é um fator externo que pode influenciar a taxa de crescimento. No presente estudo, os camarões criados em tanques de alta densidade apresentaram um baixo valor de FCR.

Este resultado indica que os camarões nestas condições de cultura consumiram eficazmente a ração, mas a taxa de crescimento não foi adequada para uma produção óptima.

Em muitos estudos, a produção máxima foi atingida através de uma densidade de povoamento óptima (Backiel e LeCren, 1967; Coche, 1976; Hull e Edwards, 1976; Pantulu, 1979). Shanmugam *et al.* (1995) registaram uma taxa de produção de 197,5 g m-^{1} para uma densidade de 12 m-^{1} durante a cultura em gaiola de *P. indicus* durante 90 dias. Rodriguez *et al.* (1993) revelaram que a taxa de crescimento e as taxas de sobrevivência estavam inversamente relacionadas com a densidade populacional para a cultura de *P. monodon* nos compartimentos com rede. Este facto coincide com os resultados de Krishnan *et al.* (1983), que revelaram um peso individual superior de 14,5 g para a densidade populacional mais baixa de 10 m-^{2} e um peso individual inferior de 12,7 g para a densidade populacional mais elevada de 25 m-^{2} para a cultura de *P. indicus* em jaulas. Do mesmo modo, para *P. monodon, obtiveram* um crescimento superior de 33,7 g para a densidade populacional inferior de 4,15 m^2 e um crescimento inferior de 20 g para a densidade populacional superior, com um peso individual de 27 g para a densidade populacional inferior de 3 m-^{1} e uma cultura inferior de *P. indicus*. Os resultados de Srikrishnadhas e Sundararaj (1990), que registaram um crescimento mais elevado de 24 g para a densidade mais baixa e de 22,708 g para a densidade mais elevada de 100 m-^{2} para a cultura de *P. indicus* nas gaiolas, também corroboram estes resultados. Siddharaju e Menon (1982) registaram uma taxa de sobrevivência inferior de 97% na densidade populacional superior de 20 m-^{2} e uma taxa de sobrevivência superior de 100% na densidade populacional inferior de 15 m-^{2} para a cultura de *P. monodon* nas jaulas. Tookwinas (1990) indicou uma taxa de sobrevivência de 75% na densidade populacional de 23 m-^{2} para a cultura de *P. monodon* em jaulas.

A intensificação, associada a práticas de cultivo não científicas, conduziu a graves problemas ambientais e de saúde dos camarões na maioria das explorações.

A presença de *Vibrio* spp. pode ser uma causa de infeção tanto nos camarões como nos seres humanos. Na presente investigação, *o Vibrio* spp. foi estudado qualitativamente e encontrado em quase todas as amostras recolhidas durante o período intermédio de cultura e no final da cultura. Os resultados das contagens quantitativas *de Vibrio* em todos os viveiros povoados com duas densidades diferentes de camarões indicam que a contagem de *Vibrio* nas amostras de água e de camarão é influenciada pela densidade de povoamento, e as suas contagens aumentam com o aumento da densidade de povoamento e do dia de cultura. Foi observado que a contagem *de Vibrio* é sempre mais elevada em todas as amostras recolhidas nos tanques HD. Além disso, a qualidade da água deteriorou-se devido à presença de *Vibrio* spp. Nash *et al.* (1992) e Karunasagar *et al.* (1996) sugeriram que o objetivo da infeção secundária de Vibrio em *P. monodon* ocorre devido ao stress, à elevada densidade de povoamento, ao ambiente instável e às partículas de Virion. O facto é que a criação em alta densidade resulta na geração de resíduos em grande quantidade, tais como excrementos, mudas e alimentos não alimentados, juntamente com a salinidade, levando a um aumento das populações de *Vibrio.* Os agentes patogénicos oportunistas só causam doenças em condições favoráveis (Lightner, 1984). Sindermann (1979) salientou que *os* Vibrios são as principais bactérias causadoras de doenças que se encontram normalmente no ambiente (Yasuda e Kitao, 1980; Sharmila et al., 1996), tal como no presente estudo. Um aumento súbito da carga bacteriana poderia desenvolver uma infeção bacteriana diretamente e tornar os camarões susceptíveis à infeção indiretamente, tal como constatado por Ping e Meimei (1994). A partir da investigação, também foi observado que uma alta carga de *Vibrio* na água do tanque HD pode causar surtos frequentes de doenças. Para ultrapassar este problema, é necessário reduzir a densidade de povoamento e melhorar as condições higiénicas das práticas de cultivo de camarão.

As condições abióticas prevalecentes durante o período experimental foram consideradas adequadas, uma vez que os valores de temperatura, salinidade, DO e pH nos tanques experimentais LD variaram dentro dos intervalos de tolerância estimados para a maioria dos peneídeos (Boyd, 1990). No presente estudo, a qualidade da água nos tanques experimentais LD foi mantida dentro dos níveis toleráveis dados para *P. monodon* por Manilal (2011). A qualidade da água variou consideravelmente entre os tanques experimentais LD e HD. A taxa de troca de água dos tanques HD foi de até 35% por dia, enquanto nos tanques LD, a troca de água foi de 15% por dia. Os valores de D.O. e pH apresentaram diferenças significativas entre os tratamentos de densidade. Os parâmetros de qualidade da água que normalmente afectam o rendimento dos camarões incluem o oxigénio dissolvido (D.O.) e o pH. Em todas as condições de cultivo, os camarões cresceram a uma taxa mais elevada durante os primeiros dois meses após o povoamento do que na parte final da experiência, provavelmente devido a um menor oxigénio dissolvido e a uma maior biomassa de camarões no final. Neste estudo, as concentrações de oxigénio dissolvido nos tanques HD foram inferiores ao nível ótimo de 4 ppm para o crescimento do camarão. As baixas concentrações de oxigénio dissolvido nos tanques HD podem dever-se à enorme biomassa de camarões. O baixo nível de oxigénio é um problema comum em viveiros com elevada densidade populacional de camarões, aumentando a sensibilidade a doenças nos camarões peneídeos (LeMoullac et al., 1998). Foi encontrada uma relação estreita entre a densidade de povoamento e o crescimento dos alevins do peixe-gato africano *Clarias gariepinus* (Haylor, 1991) e do camarão de cauda vermelha *P. penicillatus* (Miao, 1992). Além disso, Wallace *et al.* (1988) verificaram que a cultura de alta densidade reduzia a variação de tamanho na fase inicial do salvelino ártico (*Salvelinus alpinus*), mas Papst *et al.* (1992) registaram que a densidade não afectava a variação de tamanho (peso) dos juvenis de salvelino ártico. A determinação da densidade óptima de povoamento no sistema de cultura de camarões é um fator chave para maximizar o retorno económico. Esta experiência teve como objetivo avaliar o efeito da taxa de povoamento sobre a média.

Tamanho de colheita do camarão porque a redução do crescimento ocorre normalmente em animais cultivados quando as taxas de povoamento são aumentadas.

Por conseguinte, pode concluir-se que o crescimento, a taxa de sobrevivência, a SGR e a FCR dos camarões criados no tanque de baixa densidade foram mais elevados e que uma densidade de povoamento de 6 PLs m^2 foi recomendada como óptima para a cultura de *P. monodon* na ilha de Munroe nestas condições de cultivo.

CAPÍTULO IV

EFEITO DOS PROBIÓTICOS COMERCIALMENTE DISPONÍVEIS NO O CRESCIMENTO E A TAXA DE SOBREVIVÊNCIA DE *PENAEUS MONODON*

INTRODUÇÃO

História e definições

O termo "probióticos" deriva das palavras gregas "*pro*" e "*bios*", que significa "*para a vida*" (Gismondo et al., 1999). O conceito de probióticos foi introduzido no início do século XX pelo vencedor do Prémio Nobel Elie Metchnikoff. A palavra "probiótico" foi provavelmente cunhada pela primeira vez por Kollath (1953). Fuller (1989) definiu o probiótico como "um suplemento alimentar microbiano vivo que afecta beneficamente o animal hospedeiro, melhorando o seu equilíbrio intestinal". Os probióticos incluem geralmente bactérias, cianobactérias, fungos, microalgas, etc. Os organismos probióticos têm a capacidade de produzir enzimas digestivas e nutrientes essenciais para o crescimento, como vitaminas e aminoácidos, que, por sua vez, aumentam a taxa de crescimento. Além disso, podem beneficiar o seu hospedeiro através da exclusão competitiva contra agentes patogénicos (Austin et al., 1995; Gomez-Gil et al., 2000) ou através do aumento da resistência e imunidade do hospedeiro (Uma et al., 1999), o que constitui um benefício para alcançar uma taxa de sobrevivência mais elevada e animais mais saudáveis. Probióticos", "Probiont," "Bactérias probióticas," "Bactérias benéficas," ou "Bactérias amigáveis" são os termos sinónimos utilizados para as bactérias probióticas.

A utilização de probióticos na nutrição humana (Anukam et al., 2004, 2006) e animal (bovinos e aves de capoeira) (Fuller, 1992) está bem estudada. As bactérias pertencentes aos géneros

Lactobacillus, *Enterococci* LS, *Pediococcus*, *Bacillus*, fungos microscópicos e levedura *Saccharomyces* são os principais probióticos utilizados na alimentação animal. Recentemente, os probióticos podem ser considerados medicamentos veterinários utilizados como suplementos terapêuticos, profilácticos e de crescimento na alimentação animal (Irianto e Austin, 2002).

Probióticos para animais aquáticos

A regulamentação rigorosa da utilização de antibióticos na piscicultura e na criação de camarões suscita um grande interesse na aplicação de probióticos no sector da aquicultura (Austin et al., 1995; Barker, 1998; Gibson et al., 1998; Rengpipet et al., 1998; Gomez-Gil et al., 2000). A primeira utilização de probióticos no sector da aquicultura foi reconhecida por Kozasa (1986), e a investigação relativa à utilização de probióticos está a aumentar rapidamente com a procura de uma aquicultura sustentável e amiga do ambiente (Wang et al., 2005). Os primeiros ensaios de probióticos em aquacultura foram efectuados no Japão em 1981. Foram utilizados esporos de *Bacillus toyoi* na alimentação para reduzir a mortalidade dos meixões da enguia japonesa,

Anguilla japonica.

No domínio da aquicultura, a palavra "probiótico" descreve uma formulação microbiana responsável pelo biocontrolo (eliminação de pragas através da introdução de organismos adversos, como agentes patogénicos específicos) ou biorremediação (tratamento de poluentes ou resíduos através da utilização de microrganismos que decompõem as substâncias indesejáveis). O tratamento com probióticos tem sido empregue com sucesso em peixes (Robertson et al., 2000; Brunt et al., 2007) e espécies de crustáceos (Harzevili et al., 1998; Rengpipat et al., 2000; Rodríguez et al., 2007).

Tipos de organismos probióticos

Os critérios de seleção dos probióticos devem avaliar os métodos de colonização, a capacidade de competição contra os agentes patogénicos, a resistência à bílis, a sobrevivência em pH baixo, o efeito imunoestimulador, o efeito de crescimento e a adesão ao muco intestinal (Gatesoupe, 1999; Gomez-Gill et al., 2000). Os probióticos podem ser fornecidos aos organismos aquícolas hospedeiros através da alimentação, injeção ou imersão das bactérias probióticas (Irianto e Austin, 2002). Os probióticos atualmente utilizados na indústria da aquacultura incluem uma vasta gama de taxa - de *Lactobacillus, Bifidobacterium, Pediococcus, Streptococcus* e *Carnobacterium* spp. a *Bacillus, Flavobacterium, Cytophaga, Pseudomonas, Alteromonas, Aeromonas, Enterococcus, Nitrosomonas, Nitrobacter* e *Vibrio* spp, leveduras (*Saccharomyces, Debaryomyces*) e etc. (Irianto e Austin, 2002; Burr et al., 2005; Sahu et al., 2008).

Tipos de probióticos para aquacultura

Os probióticos disponíveis no mercado incluem estirpes puras, misturas definidas de estirpes específicas, mas também consórcios de estirpes e misturas indefinidas. De um modo geral, os probióticos são propostos como agentes de controlo biológico na aquicultura do camarão e são administrados na alimentação ou como suplemento de água.

Probióticos em água

Os probióticos aquáticos são normalmente compostos por organismos que podem proliferar no meio aquático e excluir as bactérias patogénicas, consumindo todos os nutrientes disponíveis. As bactérias probióticas aquáticas têm a capacidade de melhorar a qualidade da água dos tanques de cultura e inibir os agentes patogénicos na água, aumentando assim a produção.

A água

Os probióticos incluem múltiplas cepas de bactérias como *Bacillus acidophilus*, *B. subtilis, B. lecheniformis*, *Nitrobacter* sp., *Aerobacter* spp. e *Saccharomyces cerevisiae.* A aplicação de probióticos nos habitats dos tanques afecta a saúde dos camarões, melhorando as qualidades da água, uma vez que modificam a flora bacteriana da água e dos sedimentos (Ashraf e Ali, 2000; Venkateswara, 2007).

Probióticos intestinais

Os probióticos intestinais são organismos que podem ser misturados com os alimentos e administrados por via oral para melhorar a flora microbiana útil do intestino. Os probióticos intestinais melhoram a resposta imunitária dos animais hospedeiros, protegendo-os assim de doenças. Na aquacultura, os probióticos podem também ser encapsulados em alimentos para animais (Gastesoupe, 1999) ou através de alimentos vivos como rotíferos e artémia. Outra aplicação eficiente de probióticos em animais aquáticos, de acordo com Makridis *et al.* (2001), é através de bioencapsulação ou infusões em dietas.

Probióticos do solo

Os probióticos do solo estão envolvidos na biodegradação de resíduos orgânicos nos viveiros de camarões. Os probióticos podem decompor os excrementos dos camarões, os restos de alimentos não consumidos, os restos de plâncton e outros materiais orgânicos em CO2, nitrato e fosfato. Estes sais inorgânicos fornecem a nutrição para o crescimento de microalgas, enquanto as bactérias crescem rapidamente e se tornam o grupo dominante na água, inibindo o crescimento dos microrganismos patogénicos (Selvin et al., 2009) Utilização de probióticos

A utilização de probióticos para a prevenção de doenças e para melhorar a nutrição em aquacultura está a tornar-se cada vez mais popular devido à crescente procura de uma aquacultura bioamigável. A utilização de bactérias probióticas como um remédio melhor do que a administração de antibióticos já é aceite para o controlo de agentes patogénicos em aquacultura. A literatura relativa à utilização de probióticos em aquacultura é abundante (Moriarty, 1998; Gatesoupe, 1994; Gram et al., 1999; Nikoskelainen et al., 2001; Panigrahi et al., 2004; Salinas et al., 2005). Os micróbios probióticos adequados para espécies aquáticas devem ser benéficos para a saúde do hospedeiro, melhorar a eficiência alimentar e o valor nutricional, estimular a imunidade do hospedeiro, melhorar a resistência inata do hospedeiro às doenças, melhorar o ambiente, controlar a proliferação de micróbios patogénicos, facilitar a digestão e melhorar a qualidade da água. Foi demonstrado que a aplicação adequada de probióticos na indústria da aquicultura do camarão melhora o equilíbrio microbiano intestinal e também aumenta a absorção de alimentos, aumentando assim a taxa de crescimento (Parker, 1974; Fuller, 1989; Rengpipat et al., 1998) e também reduziu o rácio de conversão alimentar (FCR) durante o período de cultivo (Wang et al., 2005).

Isolamento de probióticos da água de cultura de camarões

Os probióticos desempenham um papel importante nos sistemas de aquacultura do camarão, tanto ao nível da maternidade como do crescimento, uma vez que a qualidade da água e o controlo das doenças são diretamente afectados pela atividade microbiana. Vários estudos demonstraram que o desempenho do camarão cultivado pode ser melhorado através da utilização de probióticos. As bactérias que têm sido utilizadas com sucesso como probióticos para camarões pertencem ao género *Vibrio* (Griffith, 1995; Garriques e Arevalo, 1995), *Bacillus* spp. (Moriarty, 1998; Rengpipat et al., 1998) e *Thalassobacter utilis* (Maeda e Liao, 1992). A maioria dos investigadores isolou estas estirpes probióticas da água de cultura do camarão (Nogami e Maeda, 1992; Direkbusarakom et al., 1997) ou dos intestinos de diferentes espécies de peneídeos.

(Rengpipat et al., 2000). Os probióticos podem melhorar a atividade digestiva através da síntese de vitaminas e cofactores ou melhorando a atividade enzimática (Fuller, 1989; Gatesoupe, 1999; Jory, 1998; Ziemer e Gibson, 1998). Estas propriedades poderiam facilitar o aumento de peso e melhorar a digestão ou a absorção de nutrientes. Embora os probióticos possam ter uma capacidade potencial de melhoria nutricional, o principal objetivo dos probióticos seria explorar os seus benefícios restringindo o aparecimento de bactérias patogénicas nos sistemas de cultura de camarões (Gullian et al., 2004). Quatro espécies, incluindo *B. pumilus, Micrococcus luteus, P. fluorescens* e *P. putida,* estão atualmente incluídas em misturas bacterianas que são comercializadas como probióticos para aquicultura (Prowins Biotech Private Ltd., Índia). Além disso, *Bacillus* spp. foram utilizados com sucesso como probióticos na aquicultura de camarão tigre preto na Tailândia, onde se registou uma melhoria na taxa de crescimento (47%) e na taxa de sobrevivência quando desafiados com *V. harveyi* (Rengpipat et al., 1998). A estirpe A199 *de Aeromonas* media UTS demonstrou ser um probiótico potencial para a gestão de agentes patogénicos bacterianos (Gibson et al., 1998) e fúngicos (Lategan e Gibson, 2003; Lategan et al., 2004, 2004a) na indústria da aquicultura (Lategan et al., 2006). Rengpipat *et al.* (2000) mostraram que a sobrevivência e o crescimento do camarão tigre preto alimentado com o probiótico *Bacillus* S11 aumentaram em comparação com o camarão não tratado.

Mecanismo de ação

De acordo com algumas publicações recentes (Verschuere et al., 2000), o mecanismo de ação das bactérias probióticas tem vários aspectos.

o As bactérias probióticas excluem competitivamente as bactérias patogénicas ou produzem substâncias que inibem o crescimento das bactérias patogénicas (por exemplo, bacitracina e polimixina produzidas por *Bacillus* spp.).

o Fornecer nutrientes essenciais para melhorar a nutrição dos animais cultivados.

o Fornecer enzimas digestivas para melhorar a digestão dos animais cultivados.

o As bactérias probióticas absorvem ou decompõem diretamente a matéria orgânica ou o material tóxico na água, melhorando a qualidade da água.

Avaliação no terreno dos probióticos

Embora os probióticos estejam surgindo como um empreendimento promissor para prevenir surtos no meio do cultivo de camarões cultivados, no entanto, os estudos relacionados à eficácia, economia e viabilidade da aplicação de probióticos em fazendas de camarão são escassos. Moriarty (1999) demonstrou o sucesso da aplicação de bactérias probióticas em vez de antibióticos para controlar o Luminus *Vibrios* em fazendas de camarão em Negros, Filipinas. Os ensaios de campo para a avaliação da eficácia do probiótico bacteriano *Bacillus* S11 suplementado com ração (PF) foram realizados em 2 viveiros de terra de *P. monodon* por 100 dias durante 2 estações diferentes (quente e fria) na Tailândia (Rengpipat et al., 2003).

Compararam o crescimento e a sobrevivência dos camarões com os que receberam uma ração não suplementada (UF). Os camarões alimentados com PF cresceram significativamente mais e tiveram uma sobrevivência significativamente mais elevada do que os camarões alimentados com UF ($p<0,05$). Os rendimentos projectados numa base anual (duas colheitas de 100 dias) foram 49% superiores aos dos camarões alimentados com PF. Em outro estudo de campo, a eficácia de um produto microbiano comercial foi testada em viveiros de *P. monodon* durante um período de cultivo em Kuala Selangor, Malásia (Shariff et al., 2001). Este pode ser o primeiro relatório que evidencia a futilidade dos probióticos comerciais em condições de campo.

O efeito de probióticos comerciais na qualidade da água, na densidade populacional de bactérias e na produção de camarões foi testado em viveiros de *P. vannamei* em Hai-yan na China (Wang et al., 2005). Os resultados mostraram que os camarões cultivados nos viveiros tratados com probióticos tiveram uma taxa de sobrevivência, uma taxa de conversão alimentar e uma produção final significativamente mais elevadas do que nos viveiros de controlo. Isso sugere que a adição de probióticos comerciais teve uma influência notável na produção e na taxa de sobrevivência dos camarões. De acordo com Wang *et al.* (2005), os probióticos testados em condições de campo produziram os seguintes benefícios em relação aos viveiros de controlo.

J Melhoria da qualidade da água da lagoa e diminuição da taxa de deterioração da água.

J Melhoria da microecologia dos viveiros de camarões

J Obtenção de um equilíbrio dinâmico entre probióticos e agentes patogénicos

J Aumento do número de comunidades microbianas benéficas, tais como bactérias mineralizadoras de proteínas, *Bacillus* spp. e bactérias amonificadoras

J Aumento da decomposição da matéria orgânica e redução das concentrações de azoto e fósforo

J Melhor crescimento das algas e maior concentração de oxigénio dissolvido

Wang *et al.* (2005) também especulou a necessidade de mais investigação para compreender o mecanismo funcional entre os microrganismos e como os probióticos funcionam nos tanques.

A utilização sinérgica de ozono e probióticos foi considerada eficaz na sobrevivência do camarão-tigre preto (Meunpol et al., 2003). Os relatórios evidenciaram que as formulações sinérgicas são altamente eficazes em condições de campo do que os aditivos microbianos. Meunpol *et al.* (2003) reconheceram que a sobrevivência do camarão após o tratamento com probióticos, associado à ozonização, aumentou significativamente em comparação com os controlos. Em princípio, as bactérias adicionadas diretamente à água do tanque não são probióticos e não devem ser comparadas com microrganismos vivos adicionados aos alimentos (Rengpipat et al., 2003). Muitos trabalhadores avaliaram alguns microorganismos específicos como melhoradores biológicos da qualidade da água: Douilett (2000) desenvolveu uma mistura probiótica para melhorar a qualidade da água em culturas de peixes e crustáceos, reduzindo a concentração de metabolitos orgânicos e amoníaco. A adição desta mistura aos sistemas de cultura reduziu a concentração de estirpes *de Vibrio*, controlando assim as doenças causadas por estirpes *de Vibrio*. Nos viveiros de camarões, a mineralização da matéria orgânica pode ser acelerada pela aplicação de bactérias probióticas. A aplicação de produtos microbianos comerciais em tanques de aquacultura está a aumentar rapidamente como uma estratégia proactiva de gestão de doenças (Gatesoupe, 1999). No entanto, este processo de mineralização depende da densidade da microflora adequada, da taxa de incorporação do substrato e das condições ambientais adequadas (Rodina, 1972). Em condições de fundo pobres, mesmo os produtos bacterianos comerciais não conseguem efetuar a mineralização e a degradação de forma eficiente (Shariff et al., 2001). Com base nos relatórios disponíveis sobre a eficácia em nível de campo dos probióticos na produção de camarão, não se pode garantir que tais produtos melhorem substancialmente a qualidade da água e a produção de camarão em diferentes fazendas de camarão. A eficácia no campo depende muito da densidade de estocagem, das espécies de camarão, da qualidade da ração, do nível de troca de água, do histórico da fazenda de camarão sob tratamento probiótico, da combinação de cepas probióticas, da qualidade da água de entrada, de fatores etiológicos e de fatores climáticos regionais. Portanto, um determinado produto probiótico não pode ser generalizado para todos os tipos de fazendas de camarão em diferentes regiões. Além disso, as análises de custo-benefício de produtos probióticos em ensaios de campo são inevitáveis para comercializar tais produtos.

Deméritos dos probióticos comerciais

Segundo Funge-Smith e Stewart (1996), os probióticos são amplamente utilizados devido às contínuas campanhas publicitárias das empresas e dos agentes que os promovem. Diz-se que os produtos melhoram o ambiente no viveiro, mas a eficiência de todos os probióticos disponíveis no mercado não é totalmente conhecida. Eles não prejudicam diretamente um tanque de camarão, uma vez que as bactérias não são patogénicas, mas são um desperdício de dinheiro e podem impedir o agricultor de utilizar outros métodos mais eficientes (Funge-Smith e Stewart, 1996).

A aplicação de probióticos na aquacultura registou um grande aumento nos últimos anos e esta tendência parece destinada a continuar. Os resultados da investigação indicam que a aplicação adequada de probióticos pode aumentar a produtividade e prevenir a ocorrência de várias doenças, bem como minimizar os problemas relacionados com a dependência de produtos químicos e antibióticos. Neste contexto, o presente estudo tem como objetivo avaliar o efeito de três probióticos comerciais sobre a sobrevivência e o desempenho do crescimento de *P. monodon* em ambientes agrícolas reais, tal como ilustrado no gráfico 4.

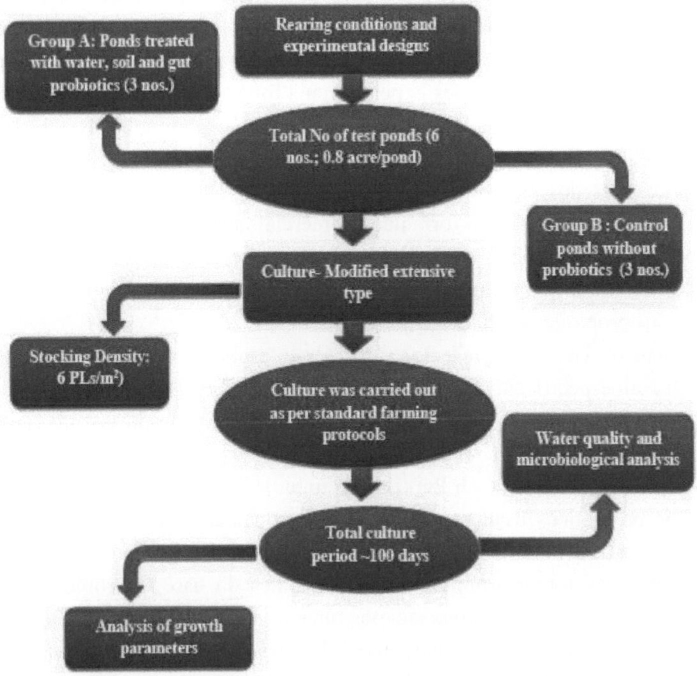

Gráfico 4. Um diagrama esquemático que representa o protocolo utilizado para estudar o efeito de probióticos comerciais no crescimento e na taxa de sobrevivência de *P. monodon*

Exploração experimental

No total, seis viveiros comerciais de cultivo de camarão com uma área de aproximadamente um acre cada, localizados em Munroe Island, Kollam, foram utilizados nesta experiência. Três viveiros foram utilizados para avaliar a eficácia dos probióticos comerciais (três tipos) e os restantes foram utilizados como controlos (sem tratamento probiótico). A experiência foi realizada durante cerca de 100 dias em 2010, de abril a agosto de 2010.

Gestão de lagos

Os procedimentos para a preparação e gestão dos tanques foram descritos no capítulo anterior, na secção de material e método. Para resumir, cada tanque experimental foi drenado e deixado a secar ao sol durante uma semana. Após uma semana, os tanques foram submetidos a calagem com cal agrícola e cal hidratada. Os tanques calcinados foram então submetidos a uma fertilização com ureia e superfosfato. Depois disso, os tanques foram enchidos com água, tratados com bolo de sementes de chá e deixados em repouso durante uma semana. Após uma semana de tratamento com bolo de sementes de chá, pós-larvas saudáveis de camarão (PL 20) adquiridas na Matysafed Prawn Hatchery, Kollam, foram distribuídas aleatoriamente por seis explorações experimentais com uma densidade líquida de 6 camarões m^{-2}. Os camarões em cada tanque experimental foram primeiro pré-cultivados num viveiro durante uma semana e libertados num tanque de crescimento. Os camarões foram criados de acordo com práticas agrícolas semi-intensivas modificadas na zona de Kollam até atingirem o tamanho desejado. As explorações experimentais foram abastecidas com água salobra (12-15^) do lago Ashtamudi. Não houve troca de água durante as três primeiras semanas de cultivo. A partir da quarta semana, a troca de água foi efectuada de acordo com as alterações dos parâmetros físico-químicos. Os camarões foram alimentados com uma ração aquática padrão formulada comercialmente (Charoen Pokhpond Aquaculture India Pvt. Ltd., Chennai). A operação de alimentação foi efectuada como descrito no capítulo II.

Descrição dos probióticos testados e aplicação

Os probióticos utilizados no presente estudo foram probióticos comerciais para cultivo de camarão, um especificamente para ser adicionado à água (Bioclean Aqua, Organica Biotech Pvt. Ltd. Mumbai), outro para ser adicionado ao solo do viveiro (PondDtox, Novozymes South Asia Pvt. Ltd., Bengaluru) e outro para ser adicionado à ração (Biogut Aqua, Organica Biotech Pvt. Ltd. Mumbai). Três tipos diferentes de amostras de produtos probióticos usados para o cultivo de camarão foram adquiridos de um revendedor local de produtos de aquicultura (distribuidor) em Kollam (Tabela 4.1). Todas as amostras foram armazenadas a 4°C antes do uso. O probiótico Bioclean Aqua utilizado na água era composto por uma fórmula balanceada de até 94 cepas microbianas diferentes (o nome/composição das cepas não é mencionado na embalagem comercial), e o BioGut Aqua contém microorganismos vivos (o nome/composição das cepas não é mencionado na embalagem comercial). Ao mesmo tempo, o probiótico (PondDtox) utilizado no solo era composto por estirpes de *Paracoccus pantotrophus* e *Bacillus megaterium.* Três probióticos comerciais selecionados para a avaliação foram aplicados nos tanques de cultura de acordo com as recomendações do fabricante. O probiótico da água e do solo foi aplicado diretamente nos respectivos tanques experimentais.

Em contrapartida, o probiótico intestinal foi misturado com a ração do camarão utilizando um aglutinante adequado (4% de gelatina) e administrado regularmente ao camarão até ao final da cultura (placa 4.1). A alimentação com probióticos intestinais começou duas semanas após o povoamento. O padrão de dosagem dos respectivos probióticos está detalhado na Tabela 4.2.

Quadro 4.1. Pormenores dos probióticos comerciais utilizados na cultura de *P. monodon*

Nome comercial	Tipos	Mecanismo de ação*
PondDtox[1]	Probióticos à base de solo	Gestão dos detritos
Bioclean Aqua[2]	Probióticos em água	Melhorar a qualidade da água
Biogut[3]	Probióticos intestinais	Imunoestimulante e potenciador do crescimento

[1]Novozymes South Asia Pvt. Ltd., Bengaluru: contém uma mistura de *Paracoccus pantotrophus* e *Bacillus megaterium*, [2]Organica Biotech Pvt. Ltd. Mumbai: É uma fórmula equilibrada de até 94 estirpes microbianas diferentes, [3]Organica Biotech Pvt. Ltd. Mumbai: Possui um consórcio de estirpes de bactérias patenteadas altamente benéficas. * Segundo a empresa produtora

Quadro 4.2. Taxa de dosagem dos probióticos utilizados na cultura de *P. monodon*

DOC	*Probiótico intestinal (g Kg^{-1} de alimento)	DOC	*Probiótico de água (g $acre^{-1}$)	*Solo probiótico (Kg $acre^{-1}$)
14-70	8 gm Kg^{-1}	14th	200 g h^{-1}	800 g
		29th	200 g h^{-1}	800 g
		44th	200 g h^{-1}	800 g
		58th	200 g h^{-1}	800 g
70-98	10 gm Kg^{-1}	74th	250 g h^{-1}	1000 g
		89th	250 g h^{-1}	1000 g

*De acordo com as recomendações do fabricante

Placa 4.1. Preparação de alimentos para camarões incorporados com probióticos

Avaliação da taxa de sobrevivência

As taxas de sobrevivência final foram calculadas para cada tanque experimental através da contagem do número de camarões restantes e da sua comparação com o stock inicial.

Análise do desempenho do crescimento

Os pesos e comprimentos corporais individuais de 200 camarões em cada tanque experimental foram registados de duas em duas semanas. Os parâmetros de crescimento foram calculados de acordo com a fórmula descrita na secção Materiais e Métodos do Capítulo II.

Análise microbiológica

As amostras de água e os espécimes de camarão recolhidos no DOC-10, DOC-50 e DOC-90 de cada tanque foram analisados para detetar a presença de *Vibrio* spp. Para a contagem *de Vibrio*, as amostras de água e de camarão foram recolhidas separadamente de cada tanque em frascos esterilizados com tampa de rosca e foram imediatamente transportadas para o laboratório numa caixa de gelo a partir do local de amostragem. Antes do isolamento bacteriano, os espécimes de camarão foram descongelados à temperatura ambiente e primeiro foram bem lavados com água bidestilada. As amostras limpas foram dissecadas e homogeneizadas, tendo sido efectuada uma série de diluições. As amostras foram testadas quanto à presença de espécies de *Vibrio* seguindo os protocolos explicados na secção de material e métodos do capítulo anterior. A contagem de *Vibrio* spp. foi efectuada em meio TCBS. O mesmo teste foi utilizado para verificar as contagens *de Vibrio* em amostras de água.

Análise económica

Na análise financeira, os pormenores foram categorizados de acordo com os custos operacionais e os custos totais. Os custos operacionais compreendem o funcionamento efetivo da unidade de engorda, incluindo a construção de tanques de engorda, a compra de juvenis, reparações e manutenção, mão de obra, alimentação, eletricidade, combustível e probióticos. O rendimento líquido da produção em regime de engorda foi calculado ao preço atual de mercado do *P. monodon*. O rendimento bruto por ciclo de produção foi calculado a partir do rendimento total multiplicado pelo preço de venda. O rendimento líquido por ciclo de produção foi calculado a partir do rendimento bruto menos o montante total do custo por ciclo de produção.

Análise estatística

Todos os dados são apresentados como média ± desvio padrão (S.D.). Os valores médios foram comparados entre os tratamentos e o controlo através de uma análise de variância unidirecional (ANOVA) utilizando o SPSS para Windows versão 11.2 (SPSS, Chicago, IL, EUA).

RESULTADOS

Resultados globais

A produção média por tanque experimental tratado foi de 526 Kg, enquanto os grupos de controlo obtiveram 464 Kg (Tabela 4.3). A administração de probióticos em dosagens ótimas melhorou os resultados zootécnicos com aumentos na taxa de sobrevivência (até 5%) e biomassa final (até 15%) e menor taxa de conversão alimentar (FCR). Os efeitos positivos no desempenho do crescimento do camarão podem estar relacionados com a suplementação de probióticos comerciais na dosagem correta. Embora não existam diferenças significativas na temperatura e salinidade das explorações experimentais, o oxigénio dissolvido dos tanques tratados com probióticos aumentou significativamente em comparação com o controlo não tratado. Da mesma forma, o valor do pH dos tanques tratados com probióticos apresentou uma faixa estreita de variação. Os resultados positivos observados nos critérios de qualidade da água podem ser atribuídos à atividade combinada dos probióticos da água e do solo nos tanques experimentais.

Quadro 4.3. Resultados globais obtidos nos ensaios de campo com os dois alimentos comerciais

Particularidades	**Lagoas de controlo**	**Lagoas tratadas com probióticos**
Peso corporal médio	28.2±1.2	30.6±1.8
% de sobrevivência (média)	71.2	79.4
FCR	1.75	1.59
Taxa média de produção/lagoa (Kg)	464	526
Custo médio de produção/lagoa (Rs.)	1,37,506.00	1,52,300.00

Rendimentos médios /lagoa (Rs.)	1,97,200.00	2,36,700.00
Lucro médio por tanque (Rs.)	59,694.00	84,400.00

Taxa de sobrevivência

O resultado da taxa de sobrevivência do camarão é apresentado na figura 4.1. Após 100 dias de cultivo, a taxa média de sobrevivência dos camarões nos viveiros de controlo (viveiros não tratados com probióticos) foi bastante inferior (média de 71,2%) à dos viveiros tratados com probióticos. Um aumento notável na taxa de sobrevivência foi exibido pelos camarões alimentados com probióticos (79,4%). Foi observado um aumento médio de 5,8% na taxa de sobrevivência nos viveiros tratados com probióticos, resultando num aumento médio de 62 kg por viveiro $^{-1}$. Não se registaram diferenças significativas na taxa de sobrevivência entre os viveiros experimentais tratados com probióticos.

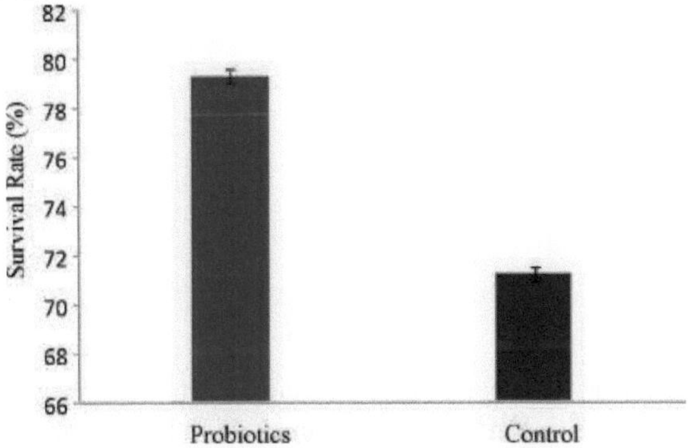

Figura 4.1. Comparação da taxa de sobrevivência dos camarões entre os viveiros tratados com probióticos e os viveiros de controlo

Desempenho de crescimento

O desempenho do crescimento dos camarões nos viveiros tratados com probióticos e nos viveiros de controlo é apresentado nas figuras 4.2.A, 4.2.B, 4.2.C, 4.2.D e na placa 4.2. O peso corporal médio e o comprimento corporal dos camarões suplementados com probióticos foram significativamente maiores ou tenderam a ser maiores do que os dos camarões de controlo (não tratados com probióticos). Além disso, verificou-se uma diferença significativa no SGR durante o período experimental (aproximadamente 100 dias) entre os grupos de controlo e tratados com probióticos. Ficou claro que os camarões alimentados com probióticos apresentaram um SGR mais elevado do que o grupo de controlo. Os dados sobre a utilização da ração mostraram que os camarões alimentados com ração incorporada com probióticos apresentaram o melhor rácio de conversão alimentar (inferior) do que os dos grupos de controlo. Este resultado indica que a administração oral de probióticos melhorou os rácios de conversão alimentar em *P. monodon.* Esta melhoria pode dever-se ao efeito dos probióticos no intestino do camarão.

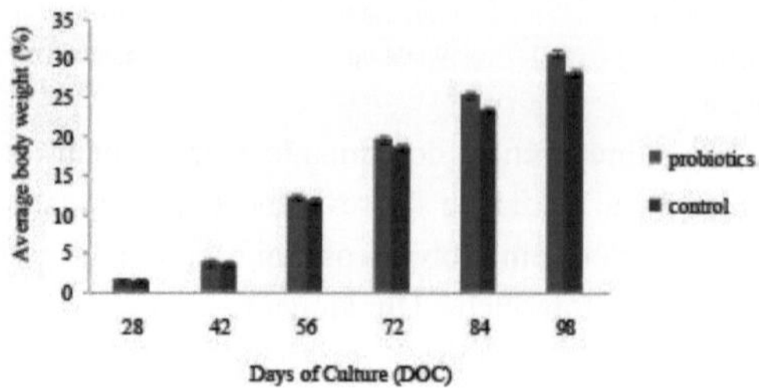

Figura 4.2.A. Comparação do peso corporal médio entre os camarões tratados com probióticos e os camarões de controlo (não tratados com probióticos)

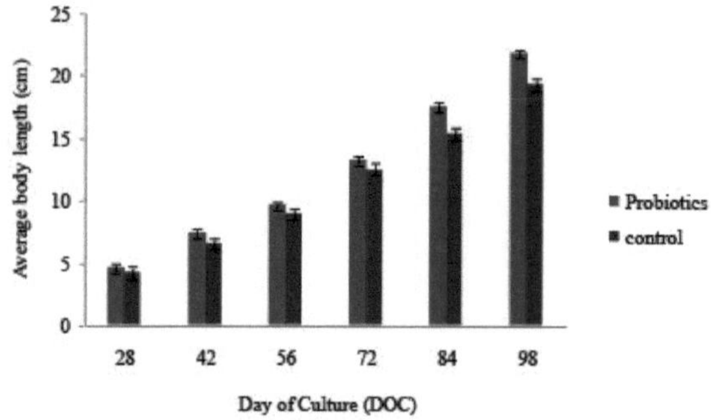

Figura 4.2.B. Comparação do comprimento médio do corpo entre os camarões tratados com probióticos e os camarões de controlo (não tratados com probióticos)

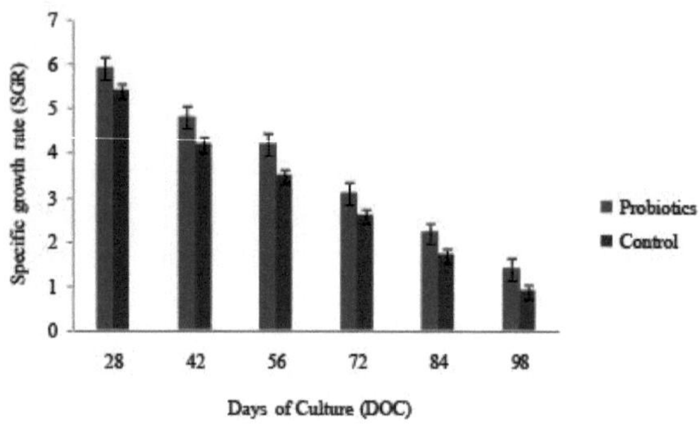

Figura 4.2.C. Comparação da taxa de crescimento específico entre os camarões tratados com probióticos e os camarões de controlo (não tratados com probióticos)

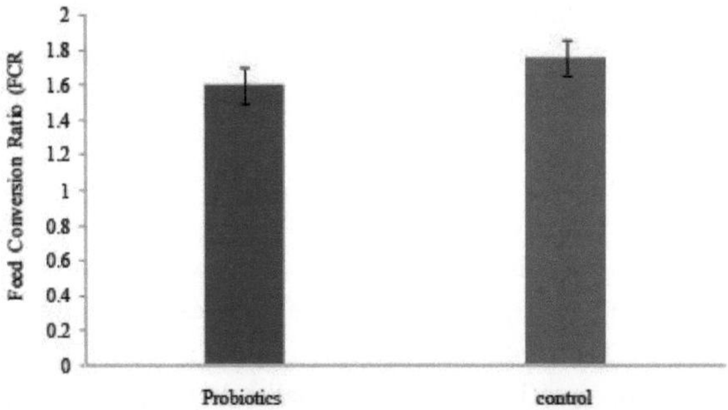

Figura 4.2.D. Comparação do rácio de conversão alimentar entre os camarões tratados com probióticos e os camarões de controlo (não tratados com probióticos)

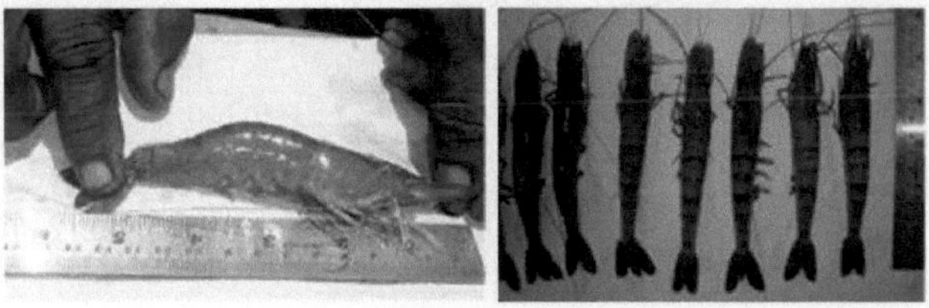

Placa 4.2. Análise de crescimento de camarão tratado com probiótico com 70 dias de idade

Análise microbiológica

Na primeira amostragem (DOC-10), os espécimes de camarão de todos os tanques estavam isentos de espécies de *Vibrio*. As contagens de *Vibrio* dos camarões amostrados nos tanques tratados com probiótico no DOC-50 e DOC-90 variaram entre 3,2 x 10^2 e 7,2 x 10^2 UFC ml^{-1} e 6,9 x 10^2 e 8.2 x 10^2 CFU ml^{-1}, enquanto as amostras dos tanques de controlo apresentaram uma contagem mais elevada *de Vibrio*, variando entre 6,3 x 10^3 e 2,5 x 10^4 CFU ml^{-1} e 2 x 10^3 e 5,5 x 10^4 CFU ml^{-1} (Quadro 4.4). A carga de *Vibrio* nas amostras de água obtidas de tanques tratados e não tratados foi anexada na Tabela 4.3. A carga *de Vibrio* dos tanques não tratados era consideravelmente mais elevada do que a dos tanques tratados. No 90° dia de cultura, a carga microbiana no tanque tratado com probiótico era da ordem de 10^2.

Tabela 4.4. Carga microbiana nos tanques tratados com probióticos e nos tanques de controlo

DOC	**Carga microbiana nos probióticos lagos**		**Carga microbiana nos tanques de controlo**	
	Amostra de camarão	Água de criação	Amostra de camarão	Água de criação
DOC-50	3,2 x 10^2 a 7,2 x 10^2 UFC ml^{-1} ~10^2	6,3 x 10^2 a 2,5 x 10^4 UFC ml^{-1} ~10^2		
DOC-90	6,9 x 10^2 a 8,2 x 10^2 UFC ml^{-1} ~10^2	2 x 10^3 a 5,5 x 10^4 UFC ml^{-1} ~10^3		

Parâmetros físico-químicos

Os parâmetros de qualidade da água dos viveiros tratados com probióticos e dos viveiros de controlo são analisados trimestralmente (placa 4.3). A aplicação de probióticos no solo e na água dos tanques experimentais também apresentou bons resultados. Os valores da temperatura e da salinidade não apresentaram diferenças significativas entre os tanques tratados e os tanques de controlo. A temperatura dos tanques tratados com probióticos e dos tanques de controlo foi tomada como média e foi de 29,08 °C e 29,15 °C, respetivamente. A salinidade nos tanques experimentais tratados com probiótico variou de facto entre 10,2 e 12,4 ‰ durante todo o período de cultivo. No entanto, variáveis como o pH e o oxigénio dissolvido diferiram significativamente entre os tanques tratados e os tanques de controlo, como se pode ver na Tabela 4.5 e na Tabela 4.6. No presente estudo, a aplicação de probióticos na água e no solo melhora significativamente a qualidade da água dos tanques tratados com probióticos.

Tabela 4.5. Parâmetros físico-químicos dos tanques tratados com probióticos

Parâmetro	DOC 14	DOC 28	DOC 42	DOC 56	DOC 70	DOC 84	DOC 98
DO (mg L^{-1})	7.3±0.46	7.2±0.51	7.1 ±0.13	6.8±0.29	6.7±0.83	6.7±0.44	6.5±0.35
pH	7.8±0.16	7.6±0.14	7.4±0.27	7.4 ±0.83	7.3±0.16	7.3±0.51	7.3±0.18
Salinidade	12.4±0.64	12.2±0.57	11.8±0.74	10.6±0.43	10.5±0.35	10.5±0.09	10.2±0.37
Temperatura (°C)	29.4±0.13	29.2±0.72	29.6±0.32	29.8±0.11	29.H0.17	28.5±0.02	28.2±0.24

Média ± DP (w=3)

Tabela 4.6. Parâmetros físico-químicos dos tanques de controlo (não tratados com probióticos)

Parâmetros	DOC 14	DOC 28	DOC 42	DOC 56	DOC 70	DOC 84	DOC 98
DO (mgL^{1})	6.3±0.24	6.1 ±0.34	5.5± 0.45	5.3 ±0.29	5.4 ±0.39	5.2± 0.27	5.1± 0.15
pH	7.2±0.43	7.5 ± 0.38	7.2 ±0.13	7.3 ±0.56	7.4 ± 0.42	7.2±0.15	7.3 ± 0.33
Salinidade	12.2 ± 0.27	11.9 ± 0.32	11.2± 0.42	10.4 ±0.03	10.1 ±0.27	8.4 ±0.14	8.6 ±0.3
Temperatura (°C)	28.9 ±0.22	29.1 ± 0.41	29.5± 0.25	30.H0.31	29.3± 0.82	28.2± 0.44	29± 0.13

Média ± DP (n=3)

Placa 4.3. Análise dos parâmetros físico-químicos

Análise económica

Os dados da análise económica preliminar são apresentados em anexo no quadro 4.7 e Tabela 4.8. Verificou-se que a utilização de probióticos na cultura do camarão foi mais rentável do que o controlo.

Tabela 4.7. Detalhes do custo operacional médio de *P. monodon* cultivado em tanques de controlo e tratados com probióticos

Dados	**Lagoas de controlo (6 PLs m^{-2}) em Rs.**	**Lagoas tratadas com probióticos (6 PLs m^{-2}) em Rs.**
Preparação do tanque (custos de mão de obra, diversos)	10,280	10,145
Sementes de chá, Cal, Ureia, Bolo de mistura de superfosfato triplo (TSP), Rede de coletor, Tipos de equipamento de alimentação e probióticos	11,426	23,930
Semente	6,000	6,000
Motobombas (aluguer)	14,000	14,000
Custo dos alimentos para animais	56.304,00 (816 Kg)	58.029,00 (841 Kg)
Gasóleo	4,320 (96 L)	2,880 (64 L)
Recursos humanos	12,000	12,000
Encargos de eletricidade	1,430	1,516
Custo da colheita	21,746	23,800
Custo total (Rs.)	1,37,506.00	152,300.00

Tabela 4.8. Detalhes médios da colheita de *P. monodon* cultivado em tanques de controlo e tratados com probióticos

Particularidades	**Lagoas de controlo (6 PLs m^{-2})**	**Lagoas tratadas com probióticos (6 PLs m^{-2})**
Área da lagoa (acre)	0.8	0.8
Existências iniciais (N.º)	20,000	20,000
Dias de cultura	100	100
Peso corporal médio	28.2±1.2	30.6± 1.8
Taxa de sobrevivência	71.2	79.4
FCR	1.75	1.59
Produção total (Kg)	464	526
Rendimento (Rs.)	1,97,200.00	2,36,700.00
Custo operacional total (Rs.)	1,37,506.00	1,52,300.00
Custo total de produção /Kg de camarão	296	289
Lucro líquido (Rs.)	59,694.00	84,400.00

DISCUSSÃO

Os probióticos são microrganismos vivos que, quando administrados em quantidades adequadas, conferem um benefício para a saúde do hospedeiro (FAO/OMS, 2001). A utilização de probióticos para melhorar a eficiência das bactérias intestinais está a tornar-se *obrigatória* na criação de camarões em muitas regiões do mundo. Nos últimos anos, o controlo biológico de doenças através de métodos amigos do ambiente, como os probióticos, tornou-se um tema importante de investigação em aquacultura. Os aspectos benéficos da utilização de probióticos nos tanques de aquacultura de camarão incluem uma melhor decomposição da matéria orgânica, a redução das concentrações de azoto e fósforo; um melhor crescimento das algas, uma maior disponibilidade de oxigénio dissolvido, a redução das algas azuis-verdes; o controlo do amoníaco, dos nitritos e do sulfureto de hidrogénio. Menor incidência de doenças, maior sobrevivência e melhor produção de camarões e peixes.

Nos crustáceos, o crescimento é um processo contínuo, interrompido apenas pelos períodos de muda. Em condições ambientais óptimas, os crustáceos crescem e mudam rapidamente. No presente estudo, os camarões tratados com probiótico apresentaram uma maior taxa de crescimento em termos de peso corporal e comprimento, o que pode ser atribuído à melhoria da qualidade da água pelo probiótico, conforme relatado por Rengpipat *et al.* (2003) com o probiótico bacteriano *Bacillus*. No presente estudo, os melhores valores de FCR observados com camarões tratados com probióticos sugerem que a adição de probióticos melhorou a utilização da ração. A melhoria do crescimento e da conversão alimentar dos camarões pode ser atribuída ao efeito benéfico dos probióticos intestinais. Também foi demonstrado experimentalmente que os probióticos podem, de facto, melhorar o crescimento do camarão em condições laboratoriais e de campo. Alguns

do recente relatório de avaliação de campo (Sudaryono et al., 1999) sugeriu que a suplementação com probióticos melhorou o desempenho do *P. monodon*. O mecanismo exato de ação das estirpes probióticas para melhorar a sobrevivência e a taxa de crescimento do camarão ainda não é claro. Pode dever-se à exclusão competitiva de micróbios nocivos ou à resposta imunitária do camarão. Presume-se que a administração de probióticos em tanques experimentais possa restabelecer um bom equilíbrio da microflora intestinal, contribuindo assim para um ótimo estado nutricional, de crescimento e de saúde dos peixes. Os resultados do presente estudo estão de acordo com os obtidos por Sundarapandian *et al.* (2009) utilizando outros tipos de probióticos. Diferentes formas de probióticos têm efeitos diversos, e verificou-se que a utilização de células probióticas vivas é mais eficaz (Gatesoupe, 1999; Gomez-Gil et al., 2000; Robertson et al., 2000). Assim, a viabilidade das bactérias probióticas é um fator-chave (De Simone et al., 1986; Panigrahi et al., 2005). Os probióticos reduzem o nível de infeção e mortalidade em organismos de aquacultura. Neste estudo, os camarões dos tanques tratados com probióticos apresentaram uma taxa de sobrevivência mais elevada do que os dos tanques de controlo não tratados. Prevê-se que a aplicação de probióticos tenha levado à eliminação de bactérias patogénicas pré-existentes nos tanques, reduzindo assim a taxa de mortalidade dos camarões. Muitos investigadores investigaram os efeitos dos probióticos comerciais em P. monodon, e algumas destas investigações mostraram efeitos positivos nos parâmetros de crescimento ou na taxa de sobrevivência, mas outras falharam. Shariff *et al.* (2001) verificaram que o tratamento de *P. monodon* com um probiótico comercial *Bacillus* não aumentou significativamente a sobrevivência.

Nas fazendas de camarão, a maioria das bactérias tem um papel negativo, pois competem com os camarões por alimento e oxigénio, causando stress e doenças

(Moriarty, 1997). Geralmente, as bactérias gram-negativas são as formas dominantes nos viveiros de cultivo de camarão (Sung et al., 2003). Entre as Bactérias Heterotróficas Totais (THB), *Vibrio cholerae* e *Vibrio parahaemolyticus* desempenham um papel vital no ecossistema de cultivo de camarões (Ruangpan e Kitao, 1991), pois prejudicam a qualidade da água, causando doenças e mortalidade aos camarões como patógenos primários e secundários. *Vibrio* spp. é a flora autóctone do ecossistema de lagoas costeiras (Aiyamperumal, 1992; Ruangpan e Tabkaew, 1994). A contagem de *Vibrio* registada nas amostras de água e camarão provenientes dos tanques não tratados foi superior à dos tanques tratados com probióticos, provavelmente devido à disponibilidade contínua de substrato e nutrientes sob a forma de alimentos não consumidos, excrementos de camarão, plâncton morto e outras matérias orgânicas e inorgânicas no fundo do tanque. O facto é que, nos tanques não tratados com probióticos, a água e o corpo do camarão dão abrigo a bactérias formadoras de biofilme como *Vibrio* spp. Em contraste, nos tanques tratados com probióticos, o crescimento destes micróbios indesejáveis foi inibido pelos probióticos. Além disso, a aplicação de probióticos nos tanques tem um efeito na saúde dos camarões, melhorando várias qualidades da água. Neste estudo, os probióticos ajudam a manter a qualidade da água dos tanques experimentais, particularmente o pH e o OD. Ao aplicar diferentes bactérias probióticas, Balcázar *et al.* (2007) constataram que *V. alginolyticus* UTM 102, *Bacillus subtilis* UTM 126, *Roseobacter gallaeciensis* SLV03 e *Pseudomonas aestumarina* SLV22 são eficazes na prevenção da infeção por *V. parahaemolyticus* em camarões. No cultivo de incubação e crescimento do camarão *Fennerpenaeus indicus*, Ziaei-Nejad *et al.* (2006) verificaram que a taxa de conversão alimentar, a taxa de crescimento específico e a produção final eram mais elevadas nos camarões que recebiam uma mistura probiótica de 5 espécies de *Bacillus* (*B. subtilis*, *B. licheniformis*, *B. polymyxa*, *B. laterosporus* e *B. circulans*) do que nos camarões de controlo que não tinham recebido qualquer probiótico. Gulliana *et al.* (2004) mencionaram que *Vibrio* P62 e *Bacillus* P64, isolados do hepatopâncreas de camarões selvagens saudáveis coletados em Manglaralto, Equador, tinham atividade probiótica prevenindo doenças em *L. vannamei.* A bactéria *Bacillus* S11 protegeu *o P. monodon* quando desafiado com *V. harveyi*. Após um ensaio de alimentação de 100 dias, os camarões dos grupos tratados apresentaram 100% de sobrevivência após o desafio com *V. harveyi*, ao passo que foi observada uma elevada mortalidade no grupo de controlo (Rengpipat et al., 1998).

A partir dos resultados, deduz-se que o uso combinado de três probióticos, tais como Bioclean Aqua, Biogut Aqua e PondDtox, foi considerado benéfico para a cultura de *P. monodon* em termos de aumento da taxa de sobrevivência, desempenho de crescimento e qualidade da água nestas condições experimentais.

CAPÍTULO V

CONSTRANGIMENTOS E SUAS SOLUÇÕES PROPOSTAS PARA MELHORAR A GESTÃO DAS EXPLORAÇÕES DE CAMARÃO NA COSTA DE KOLLAM, KERALA

INTRODUÇÃO

A criação de camarão é uma das mais importantes indústrias de criação de animais aquáticos na região costeira de Kerala. O Estado possui uma extensa área de água salobra de cerca de 1 43 696 ha, que inclui os cursos inferiores dos rios, os lagos de água salobra, os remansos e os campos adjacentes de baixa altitude e de filtração de camarões, os mangais, etc. Estima-se que Kerala tenha uma área total de cerca de 65.000 ha de área de água salobra adequada para o cultivo de camarão (Selvin et al., 2009). Desse total, cerca de 14.500 ha foram utilizados para a aquicultura de camarão (Placa 5.1). A criação tradicional de camarão conhecida como "*Chemmeen kettu*" é praticada nos campos de Pokkali do distrito de Ernakulam. Esta cultura é uma atividade antiga, em que a cultura do camarão e o cultivo do arroz são praticados em rotação durante as estações do verão e da monção, respetivamente. Durante o ano de 2004-05, Kerala ocupou a 4ª posição na produção aquícola de camarão a nível nacional. A criação avançada de camarão com povoamento seletivo e alimentação suplementar não está bem estabelecida. Os constrangimentos sociais e os problemas jurídicos relacionados com a ZRC e a recorrência de doenças do camarão são as principais ameaças ao desenvolvimento deste sector. O nível médio de produção de camarão no Estado desceu de 850 kg ha^{-1} em 19951996 para 520 kg ha^{-1} em 1998-1999. O povoamento seletivo/suplementar é também praticado em sistemas de cultura tradicionais com vista a aumentar os níveis de produção das espécies desejáveis. De acordo com as estimativas do Governo de Kerala, 2.166 ha estão atualmente sob um sistema tradicional melhorado. Desta área, 36% tem menos de 2.0 ha, 18% tem menos de 2.0-5.0 ha e 46% tem explorações com áreas superiores a 5.0 ha. Em Kerala, as explorações de camarão estão distribuídas ao longo de quase 590 km de costa, desde o distrito de Trivandrum, no Sul, até à província de Kannur, no Norte. No Sul de Kerala, os agricultores cultivam normalmente duas colheitas de camarão por ano, ao passo que no Norte, o camarão é cultivado durante todo o ano. Kollam é um distrito marítimo localizado no litoral sudoeste da Índia (Manilal, 2011). Tem uma linha costeira de 35 km que faz fronteira com o Mar Arábico no Oceano Índico. Kollam é abençoada com uma rica diversidade de recursos de barbatanas e mariscos. Os recursos de marisco provêm dos sectores industriais costeiros e interiores e de água doce. Kollam ocupa o quinto lugar na criação de camarão, com 102 ha de área de água salobra distribuídos por 385 explorações. Geralmente, os agricultores cultivam o camarão-tigre (*P. monodon*) devido ao seu elevado valor de mercado. Este estudo tem como objetivo documentar os constrangimentos e as suas soluções para revitalizar a criação de camarão na área de Kollam.

Placa 5.1. Uma região litoral em Kerala, onde estão distribuídas as explorações de camarão

MATERIAIS E MÉTODOS

Área de estudo e recolha de dados

Foi realizado um inquérito/estudo detalhado em 100 explorações de camarão no que diz respeito aos constrangimentos e feedback da criação de camarão na prefeitura de Kollam. O estudo foi realizado durante o período de três anos, de novembro de 2008 a agosto de 2011. A área de estudo incluiu três regiões costeiras: Ilha Munroe, Kottiyam e Paravoor. Foi elaborado um questionário bem estruturado (Anexo II) e a informação foi recolhida junto dos inquiridos através de entrevistas pessoais. As entrevistas foram efectuadas na língua local (Malayalam). Os questionários abrangiam dados sobre o caos social, económico e ambiental relacionado com a criação de camarão. O operador/possuidor de cada tanque foi entrevistado durante as visitas aos locais de cultivo. O número e a localização dos viveiros de camarão foram selecionados com base em dois aspectos: em primeiro lugar, a área onde se concentra o maior número de viveiros de camarão e, em segundo lugar, incluindo os diferentes sistemas culturais de produção: tradicional, tipo extensivo e tipo extensivo modificado.

Análise dos dados

Os dados relativos aos principais constrangimentos na criação de camarão foram analisados através de uma análise tabular com médias aritméticas e percentagens.

RESULTADOS

Gráfico 5. Diagrama esquemático representando os principais constrangimentos analisados na área de estudo

No presente estudo, os principais constrangimentos (Quadro 5) do cultivo de camarão foram categorizados em três: 1. questões ambientais e técnicas, 2. questões económicas, 3. questões sociais.

Os principais condicionalismos ambientais e técnicos da cultura do camarão na zona de Kollam são destacados a seguir:

1. Poluição da água
2. Surtos de doenças
3. Fornecimento inadequado de sementes e alimentos de boa qualidade

4. Condições climatéricas
5. Tecnologia limitada
6. Extração de areia

Os principais problemas económicos da cultura do camarão na região de Kollam são os seguintes

1. Recursos humanos qualificados inadequados
2. Custo de produção elevado
3. Prémio de mercado reduzido

Os principais problemas sociais da cultura do camarão na região de Kollam são os seguintes

1. Caça furtiva
2. Serviço de extensão deficiente
3. Educação

Poluição da água

A partir do estudo, verificou-se que cerca de 100% dos inquiridos afirmaram que o principal problema que enfrentavam durante a criação de camarão era a poluição da água. A partir da observação, ficou claro que os produtores estavam a utilizar água contaminada para a produção de camarão.

Exploração agrícola (Quadro 5.2). Cerca de 55% dos agricultores concordaram que as explorações não estavam geograficamente isoladas das outras (Tabela 5.1). Cerca de 80% dos agricultores estavam a usar a mesma água de estudo para abastecimento de água e para o recipiente de efluentes repetidamente. Assim, os efluentes descarregados por uma exploração contaminam a fonte de água de outra exploração. Verificou-se que 10% dos agricultores têm a opinião de que a água está poluída devido à industrialização e a outros resíduos domésticos. A maioria dos agricultores sofreu perdas durante a atividade agrícola devido à poluição da água.

Água poluída dos lagos Água poluída utilizada para a agricultura

Utilização de canais únicos para a entrada de água e a descarga de efluentes

Placa 5.2. Água contaminada utilizada para a criação de camarões

Quadro 5.1. Razões para a poluição da água

Razões	N.º de agricultores que comunicaram (N=100)	% de agricultores que comunicaram (N=100)
As explorações de camarão não estão isoladas geograficamente	55	55
Utilização da mesma massa de água para o abastecimento de água e para o recetor de efluentes	80	80
Descargas industriais e outros resíduos domésticos	10	10

Ocorrência da doença

Os pormenores da ocorrência de doenças na costa de Kollam, de acordo com a experiência dos aquicultores, são apresentados no Quadro 5.2. Aproximadamente 75% dos produtores de camarão afirmaram que a gestão/tratamento de doenças não era eficaz devido à indisponibilidade de kits de diagnóstico e tratamento de doenças de fácil utilização. Quinze por cento dos aquicultores apontam que quantidades excessivas de ração, fezes, fertilizantes e produtos químicos usados no manejo dos viveiros induzem a rápida degradação do solo do fundo, que produz componentes tóxicos, causando ameaças aos camarões e tornando-os suscetíveis a doenças infecciosas. Apenas 10% dos inquiridos afirmaram que a má gestão da qualidade da água seria a principal razão por detrás da ocorrência de DSA.

Tabela 5.2. Razões para a incidência de doenças

Razões	N.º de agricultores que comunicaram (N=100)	% de agricultores que comunicaram (N=100)
Indisponibilidade de kits de diagnóstico e correção de doenças	75	75
Não remoção dos resíduos orgânicos do fundo do tanque	15	15
A qualidade da água não é gerida de forma rigorosa	10	10

Não disponibilidade de sementes de boa qualidade

Na Tabela 5.3, são anexadas as razões para a indisponibilidade de sementes de boa qualidade. A partir da Tabela, entendeu-se que a principal razão para a escassez de sementes de boa qualidade foi devido à menor disponibilidade de incubadoras e os alevinos servidos por elas não poderiam atender à necessidade total de sementes para realizar uma cultura de camarão suficiente. Além disso, as sementes de fontes naturais muitas vezes carregam a doença mortal da mancha branca, e a introdução dessas sementes selvagens sem quarentena leva a grandes perdas no negócio de camarão devido à mortalidade em massa de toda a espécie.

Quadro 5.3. Razões para a não disponibilidade de boas sementes

Razões	N.º de agricultores que comunicaram (N=100)	% de agricultores que comunicaram (N=100)
Menor número de centros de incubação que não conseguem satisfazer as necessidades totais de sementes	90	90
Não disponibilidade de sementes saudáveis nas incubadoras locais	80	80
As incubadoras não efectuam corretamente o exame microbiológico das sementes	30	30
O mau acondicionamento leva a massa mortalidade e stress	65	65
Custos elevados para o transporte de sementes de qualidade provenientes de outros Estados	60	60
Custo elevado dos alimentos para animais		

Durante o estudo, a maioria dos produtores informou que as rações comerciais para camarão (Quadro 5.3) eram muito caras, e afirmaram que o preço atual não é acessível. As razões para o alto custo da ração estão anexadas na Tabela 5.4. Quase 60% dos produtores concordaram que os custos das rações são elevados devido ao número limitado de clientes no mercado.

Cerca de 40% dos agricultores eram da opinião de que a empresa de rações dependia de uma aquicultura de camarão sazonal, o que acabaria por aumentar o custo da ração. A menor concorrência foi apontada como a razão para os elevados custos da ração por apenas 10% dos produtores.

Placa 5.3. Alimentos comerciais para camarões utilizados na área de estudo

Quadro 5.4. Razões para o elevado custo dos alimentos para animais

Razões	N.º de agricultores que comunicaram (N=100)	% de agricultores que comunicaram (N=100)
Custo de produção elevado	55	55
Clientes limitados	60	60
Depende da sazonalidade aquacultura do camarão	40	40

As empresas competitivas são menos	10	10

Falta de conhecimentos científicos sobre a cultura do camarão

Os relatórios do inquérito mostraram que a maioria dos produtores não tem conhecimento científico sobre o cultivo de camarão. As razões para a falta de conhecimento científico no cultivo de camarão são mencionadas na Tabela 5.5. Cerca de 32% dos produtores expressaram sua opinião de que isso pode ser devido à orientação técnica inadequada de especialistas científicos. Alguns deles (53%) concordaram que as autoridades pesqueiras estavam a realizar vários programas de formação sobre o cultivo avançado de camarão, mas eram apenas demonstrações orais e palestras. Cerca de 20% dos inquiridos

Queixaram-se de que os termos científicos usados pelo pessoal da extensão eram desconhecidos para eles e, portanto, não conseguiam entender. Cerca de 10% dos produtores tinham a opinião de que a criação científica de camarão é muito cara e, por isso, 5% dos produtores não estavam dispostos a praticá-la.

Tabela 5.5. Razões para a falta de conhecimento científico sobre o cultivo de camarão entre os produtores

Razões	N.º de agricultores que comunicaram (N=100)	% de agricultores que comunicaram (N=100)
Orientação técnica inadequada por parte de pessoal externo especializado.	32	32
Apenas apresentação oral	53	53
Não está familiarizado com os termos científicos utilizados pelo pessoal de formação.	20	20
A crença de que a agricultura científica é dispendiosa	10	10
Medo de adotar a agricultura científica	5	5

Indisponibilidade de trabalhadores qualificados e custo elevado da mão de obra

A partir do estudo, verificou-se que a indisponibilidade de mão de obra qualificada e os elevados custos de mão de obra eram os outros problemas enfrentados pelos agricultores. As razões para a indisponibilidade de mão de obra qualificada e o elevado custo da mão de obra são mencionadas no Quadro 5.6. Cerca de 80% dos proprietários de explorações agrícolas têm a opinião de que a maioria dos trabalhadores qualificados estavam envolvidos na extração de areia. Alguns dos agricultores (10%) referiram que os trabalhadores não conseguiam fazer face às despesas familiares com a atual remuneração. Outros 10% dos agricultores concordaram que os agricultores não estavam interessados em empregos sazonais.

Tabela 5.6. Razões para a indisponibilidade de trabalhadores qualificados e para o elevado custo da mão de obra

Razões	N.º de agricultores que comunicaram (N=100)	% de agricultores que comunicaram (N=100)
Trabalhadores qualificados que exercem outras actividades	80	80
Os trabalhadores não podem fazer face às despesas com a remuneração atual	10	10
Não está interessado em empregos sazonais	10	10

Falta de investimentos de capital

Na área de estudo, 60% dos agricultores estavam a investir os seus próprios fundos para as operações agrícolas, e 40% dos agricultores recorreram a empréstimos e prestamistas. Na situação atual, a maioria dos agricultores (90%) sofreu enormes perdas económicas na aquacultura do camarão. A maioria dos agricultores (80%) enfrentava problemas de investimento de capital. Cerca de 80% dos agricultores concordaram que a criação de camarão se tornaria cara com base nos retornos (Tabela 5.7). A maioria dos produtores (85%) afirmou que estava pouco interessada em correr riscos.

Quadro 5.7. Razões para a falta de investimento de capital

Razões	N.º de agricultores que comunicaram (N=100)	% de agricultores que comunicaram (N=100)
A aquicultura atual do camarão é muito cara em comparação com os anos anteriores	80	80
Experiência anterior de perdas na aquicultura de camarões	90	90
Não está interessado em correr o risco	85	85

Problemas de segurança

A falta de segurança foi um dos problemas mais importantes na área de estudo. A maioria dos problemas de segurança nesta região é mostrada na Tabela 5.8. Cerca de 70% dos agricultores relatam que muitas das explorações existentes foram construídas longe das estradas e das casas e observaram roubos nos tanques. A maioria dos agricultores (80%) estava a sofrer com o incómodo de pássaros (Quadro 5.4) e outros animais. Outros 30% dos agricultores concordaram que houve mudanças inesperadas nas condições climáticas que levaram à inundação dos tanques.

Placa 5.4. Ave predadora, corvo-marinho encontrado no tanque de camarões da ilha Monroe

Tabela 5.8. Problemas de segurança dos viveiros de camarão

Razões	N.º de agricultores que comunicaram (N=100)	% de agricultores que comunicaram (N=100)
Roubos nos lagos	70	70
Problemas de aves e animais	80	80
Alteração das condições climáticas	30	30

Baixo preço de mercado

A partir do relatório do inquérito, observou-se que 100% dos inquiridos se queixavam do preço de mercado. Na situação atual, nenhum dos inquiridos estava satisfeito com a atual taxa de mercado do camarão. Cerca de 100% dos inquiridos afirmam que, atualmente, o preço de mercado do camarão aumentou fenomenalmente em comparação com os últimos 10 anos.

Atualmente, as práticas de criação de camarão são menores nesta área devido aos constrangimentos acima referidos . A maioria dos agricultores vendeu suas terras e alguns deles estão usando as fazendas de camarão para mineração de areia e cultura de peixes ósseos. A partir do inquérito, verificou-se que novas expansões da criação de camarão utilizando os actuais métodos não científicos não são sustentáveis.

Soluções propostas para melhorar as práticas de criação de camarão

Depois de analisar as informações de campo do relatório da pesquisa, ficou claro que a produção baixa ou instável das fazendas de camarão no distrito de Kollam é o efeito cumulativo de muitos fatores. A fim de superar as causas da baixa produção, algumas estratégias foram sugeridas no presente estudo (Quadro 6).

Gráfico 6. Um diagrama esquemático representa as soluções propostas para os condicionalismos

Desenvolvimento dos recursos humanos

A partir do estudo, identificou-se que os agricultores não têm apoio de extensão adequado, e as aplicações de técnicas científicas de cultivo não são uniformes. Por conseguinte, é necessário conceber estratégias para desenvolver programas de formação e workshops com especialistas em agricultura sobre tecnologias de cultivo apropriadas numa exploração modelo com tecnologia viável, perto dos agricultores e um sistema de monitorização através da cooperação da Agência de Desenvolvimento dos Criadores de Peixes de Água Salobra, do Governo local, do sector privado e das ONG para educar os agricultores sobre a importância da criação científica de camarões. Estabelecer um processo de auto-monitorização e avaliação através da nomeação de pessoas adequadas pelos membros gerais através das respectivas sociedades de agricultores, para ter acesso às questões e problemas nas explorações dentro da sociedade. Estas questões podem ser apresentadas nas reuniões de progresso da sociedade para discussão e acções necessárias.

Construção standard de viveiros de camarões

As condições das fazendas de camarão na área de estudo foram consideradas ruins no que diz respeito aos sistemas de gerenciamento de água, estrutura do tanque, fornecimento de energia, indisponibilidade de trabalhadores qualificados, problemas de transporte, etc. O estudo sugere que a construção de um sistema básico de abastecimento e drenagem pelo governo em terras privadas poderia ajudar os agricultores a melhorar ainda mais. A localização dos tanques deve ser feita de modo a que tenham uma topografia e solos adequados. Os locais com solos ácidos e orgânicos devem ser evitados porque os tanques podem desenvolver problemas com a qualidade do solo e da água, tais como níveis de salinidade, pH, sólidos suspensos e nutrientes. Para evitar a contaminação dos viveiros por toxinas e agentes patogénicos, as entradas de água devem estar afastadas das fontes de poluição municipal, industrial e agrícola e também de outras explorações de camarões. A conceção dos viveiros e dos canais deve ser feita de forma a evitar a mistura de afluentes e efluentes. Os canais de abastecimento e de efluentes devem ser isolados, tanto quanto possível, uns dos outros e de outras fazendas. Isso ajudaria a minimizar a transferência de doenças entre as fazendas de camarão. Conceber planos de desenvolvimento conjunto a curto e longo prazo entre o Governo e as partes privadas (proprietários de explorações) para desenvolver a cultura do camarão.

Estratégia de controlo da qualidade da água

Os agricultores devem analisar periodicamente as normas quantitativas, incluindo os teores máximos e/ou mínimos de sólidos em suspensão, pH, oxigénio dissolvido, amoníaco e outros compostos azotados, fósforo total e substâncias químicas ou Carência biológica de oxigénio (CQO ou CBO) da água da lagoa. A descarga de águas residuais deve ser mantida dentro da capacidade de assimilação das águas receptoras.

Fornecimento de sementes de alta qualidade e isentas de agentes patogénicos

Os agricultores da área de estudo utilizam sementes de má qualidade. As sementes devem ser selecionadas como saudáveis e livres de agentes patogénicos com base no tamanho, morfologia, cor e comportamento para assegurar uma colheita rentável nas maternidades. A importação de alevinos deve ser proibida.

Criação de instalações de laboratório húmido e serviços de investigação

A doença é considerada um grave problema para a aquicultura de camarão na área de estudo. Há uma falta de instalações/serviços de laboratório húmido nesta região. Deverá ser criado um laboratório húmido para diagnóstico de doenças e monitorização da qualidade da água e do solo ao nível da exploração, juntamente com o apoio do Governo local. O máximo de problemas relacionados com doenças e poluição da água pode ser minimizado com a ajuda das instalações do laboratório, o que encorajaria os agricultores a adotar melhores práticas de gestão agrícola. O estudo também sugere a melhoria da investigação sobre a eliminação de doenças do camarão.

Previsão de subsídios às sementes e aos alimentos para animais por parte do Governo

O preço das sementes de camarão e da ração comercial foi considerado muito elevado na área de estudo. Os agricultores da zona não conseguem suportar as despesas incorridas com a criação de camarão devido ao elevado custo da ração. Para fazer face às despesas, o Governo deveria conceder subsídios para rações e sementes para a criação de camarão. O estudo também sugere o início de um programa de microfinanciamento por ONGs com um sistema de seguro de colheitas para facilitar o acesso ao crédito para os pequenos agricultores.

Distribuição de alimentos para animais de boa qualidade

A alimentação com farinha de peixe deve ser completamente evitada. Em vez disso,

devem ser utilizadas rações de alta qualidade para camarões feitas a partir de cereais. Os agricultores devem certificar-se de que apenas são utilizados alimentos de boa qualidade para alimentar os animais. As práticas de alimentação devem minimizar o desperdício de ração. As boas práticas de alimentação incluem evitar a sobrealimentação e a subalimentação, a alimentação frequente utilizando tabuleiros de alimentação ou a distribuição homogénea de alimentos nos tanques.
Assegurar a segurança adequada dos viveiros de camarões.
A fim de evitar problemas de segurança na área de estudo, os agricultores devem tomar as medidas necessárias, tais como cercas adequadas, fornecimento de luz durante a noite, dispositivos para afugentar as aves, redes de plástico e empregar cães de guarda e guardas (Placa 5.5).

Placa 5.5. Cães treinados, dispositivos de afugentamento de aves e redes de proteção para aves usadas em fazendas de camarão
Aumentar o potencial de mercado
Os agricultores desta zona não estão satisfeitos com o mercado e a taxa de mercado actuais.
Isto pode ser resolvido através da criação de uma sociedade de criadores de camarão na zona. O principal objetivo da sociedade deve ser o de encontrar mais mercados nacionais e internacionais. Este estudo sugere que o Governo fixe uma taxa de mercado razoável para o camarão.

DISCUSSÃO

Tem havido uma expansão da aquicultura de camarão na costa de Kollam desde a década de 1980, com um tremendo aumento na região da ilha de Manroe (Manilal, 2011). No entanto, seu crescimento foi prejudicado devido à deterioração da qualidade da água e surtos de doenças. A partir da pesquisa, observou-se que, durante as operações de cultivo, à medida que os dias de cultivo aumentavam, o fundo do viveiro se deteriorava com restos de ração devido ao excesso de alimentação, matéria fecal e algas mortas. Com o aumento da biomassa de camarão, o ambiente de cultivo torna-se instável e propenso a mudanças rápidas nas condições de qualidade da água. A utilização das mesmas fontes de água para a entrada de água e para os recipientes de efluentes levou ao aparecimento de doenças.
A incidência de doenças tem sido um grande revés para a indústria do camarão. As doenças do camarão tornaram-se um fenómeno crónico na área de estudo desde 2000. As principais doenças do camarão são a síndrome da mancha branca (Manilal et al., 2009), bacteriana (Vibriose) (Selvin et al., 2009; Manilal et al., 2010), protozoários e

fungos. Os produtores admitiram que o surto de várias doenças do camarão durante o período de 2000-2005 estagnou o crescimento da aquicultura de camarão em Kollam. Em 2005, a maioria das explorações de camarão foi afetada pela doença da mancha branca. Do relatório do inquérito, concluiu-se que cerca de 90% dos produtores afirmaram que as doenças eram contínuas durante a criação de camarão. Ficou claro que 70% das fazendas de camarão foram afetadas pela Vibriose (Manilal et al., 2010 2010a), e 40% das fazendas de camarão foram vítimas de doenças virais.

Em contraste, o protozoário microsporidian também foi prevalente. A troca diária de água pode ser seguida para manter a qualidade da água necessária para uma cultura de camarão bem sucedida. Os problemas nutricionais não dependem de problemas ambientais.

Estes problemas devem ser resolvidos através do fornecimento de alimentos equilibrados em quantidade suficiente. Os problemas técnicos relacionados com o diagnóstico de doenças podem ser resolvidos através da criação de um laboratório húmido para o diagnóstico de doenças, monitorização da qualidade da água e do solo ao nível da exploração agrícola, juntamente com o apoio do governo local. O máximo de problemas relacionados com doenças e poluição da água pode ser minimizado com a ajuda das instalações do laboratório, o que encorajaria os agricultores a adotar melhores práticas de gestão agrícola.

Outro problema enfrentado pelos produtores durante o cultivo de camarão foi o fornecimento inadequado de sementes e ração de boa qualidade. As razões para a escassez de sementes de boa qualidade foram devidas à menor disponibilidade de incubadoras e os alevinos servidos por elas não podiam atender à necessidade total de sementes para realizar um cultivo suficiente de camarão. Os incubatórios disponíveis na área de estudo não dispunham de um bom laboratório de microbiologia para o exame microbiológico das sementes e a má qualidade da embalagem pelos incubatórios levou à mortalidade dos camarões. Isto pode ser resolvido através da seleção de alevins saudáveis, comprando-os a incubadoras ou incubadoras fiáveis. Ao selecionar as sementes para a criação de camarões, o agricultor deve assegurar certos parâmetros como o tamanho, a morfologia, a cor, o comportamento, a incrustação externa e a ausência de agentes patogénicos.

A alimentação desempenha um papel importante na aquicultura do camarão. A maioria dos produtores referiu que as rações comerciais para camarão eram muito caras e que o custo das rações constitui uma parte importante do custo de produção, representando 50% a 70% do custo variável total. O aumento do custo dos ingredientes da ração é a principal razão para tornar o custo da ração elevado. As rações para camarão disponíveis na área de estudo não proporcionaram a produção de camarão esperada. Este problema pode ser resolvido através da utilização de matérias-primas de boa qualidade por parte das empresas produtoras de rações e também através de uma correta

Formação dos agricultores sobre a preparação de uma dieta equilibrada em função das matérias-primas para alimentação animal disponíveis na área de estudo.

A partir da pesquisa, ficou claro que a falta de conhecimento científico sobre o cultivo de camarão entre os produtores levou a uma má gestão da fazenda de camarão no que diz respeito aos sistemas de gestão da água, estrutura do tanque, fornecimento de energia, indisponibilidade de trabalhadores qualificados, problemas de transporte, etc. Portanto, estratégias para o desenvolvimento de programas de treinamento e oficinas com especialistas em agricultura sobre tecnologia de cultivo apropriada em uma fazenda modelo com tecnologia viável perto dos agricultores através da cooperação da Agência de Desenvolvimento de Agricultores de Peixes de Água Salobra, governo local, setor privado e ONGs para educar os agricultores.

O elevado custo de produção é o principal constrangimento enfrentado pelos agricultores na área de estudo. Para ultrapassar os elevados custos de produção, o Governo deveria conceder subsídios à alimentação e às sementes para a criação de camarão. O estudo também sugere o início de um programa de microfinanciamento por ONGs com um sistema de seguro de colheitas para facilitar o acesso ao crédito para os agricultores de pequena escala.

A criação de camarão no distrito de Kollam é praticada há mais de duas décadas e é um dos sistemas agrícolas tradicionais da região. No entanto, atualmente, são incapazes de produzir grandes volumes de camarão comercial com bom valor de mercado. Infra-estruturas de apoio deficientes e instalações de cultivo mínimas, má qualidade da água e sistemas de irrigação, falta de aplicação de técnicas de cultivo científicas novas e comprovadas, insegurança e elevados investimentos de capital no cultivo, gestão de rações, gestão de tanques, falta de interferência do Governo e de ligação em rede com centros de I & D de aquacultura, ONGs e outras organizações afins, desconhecimento do público e do mercado são uma das razões pelas quais os produtores de camarão sofrem grandes perdas durante o cultivo. Os produtores sozinhos não poderiam resolver todas as questões acima. Como as condições sócio-económicas da região são muito pobres, a interferência do Governo, de entidades privadas ou de quaisquer organizações de espírito só poderia resolver os problemas existentes.

RESUMO

O Capítulo 1 trata da análise da informação recolhida durante o inquérito a partir de documentação existente, relatórios e conversas com diferentes produtores de camarão, levando à conclusão de que a área de estudo tem todos os recursos essenciais necessários para produzir grandes quantidades de camarão. No entanto, existem preocupações crescentes sobre o impacto da criação de camarão no ambiente. Além disso, entre os actuais produtores de camarão, existe uma forte necessidade de apoio técnico no que respeita ao desenvolvimento e gestão da cultura de camarão na região de Kollam.

No Capítulo 2, foi investigado o efeito de dois alimentos comercialmente disponíveis para camarões (Godrej e C.P. feed) no crescimento e na taxa de sobrevivência dos camarões. Verificou-se que a taxa de sobrevivência entre os camarões alimentados com ração C.P. e o tanque tratado com ração Godrej variou moderadamente. O comprimento e o peso médios do corpo dos camarões alimentados com ração C.P. foram mais elevados. O estudo também demonstra que o SGR, FCR e a produtividade total dos viveiros alimentados com ração C.P. foram significativamente maiores do que os dos viveiros tratados com ração Godrej. A qualidade da água dos diferentes tanques experimentais durante o período experimental foi adequada para o crescimento normal do camarão-tigre preto. Por conseguinte, é razoável esperar que se obtenha um melhor desempenho em termos de crescimento e uma menor TCA com a utilização de alimentos de melhor qualidade, como a ração C.P., nestas condições experimentais.

O Capítulo 3 demonstra a análise comparativa do cultivo de camarão em baixa (6 camarões m$^{-2)}$ e alta densidade (12 camarões m^{-2}). Os resultados mostraram que as culturas de camarão em condições de cultivo de baixa densidade apresentaram taxas de sobrevivência e crescimento mais elevadas.

Por conseguinte, pode prever-se que o crescimento, a taxa de sobrevivência, a SGR e a FCR do camarão cultivado num tanque de baixa densidade sejam mais elevados, tendo sido recomendada uma densidade de povoamento de 6 m2 como óptima para a cultura de *P. monodon* na ilha de Munroe nestas condições de cultivo.

O Capítulo 4 narra o efeito de três probióticos comerciais, como o Bioclean Aqua (probiótico da água), o Biogut Aqua (probiótico do intestino) e o PondDtox (probiótico do solo) nos parâmetros físico-químicos, no crescimento e na taxa de sobrevivência do camarão. Os resultados mostraram que a taxa de crescimento e sobrevivência dos camarões tratados com probiótico foi mais elevada. A partir desses resultados, pode-se concluir que o uso combinado de três probióticos, como Bioclean Aqua, Biogut Aqua e PondDtox, foi considerado benéfico para a cultura de *P. monodon* em termos de aumento da taxa de sobrevivência, desempenho de crescimento e qualidade da água sob essas condições experimentais.

No capítulo 5, foram investigados os condicionalismos e as soluções para a criação de camarão na costa de Kollam. Infra-estruturas de apoio deficientes e instalações de cultivo mínimas, má qualidade da água e sistemas de irrigação, falta de aplicação de técnicas de cultivo científicas novas e comprovadas, insegurança e elevados investimentos de capital em cultivo, gestão de rações, gestão de tanques, falta de interferência do Governo e de trabalho em rede com centros de I&D em aquacultura, ONGs. O desconhecimento do público e do mercado por parte de outras organizações com objectivos semelhantes são alguns dos constrangimentos observados durante o estudo. A solução sugerida para uma boa gestão do cultivo de camarão envolve o desenvolvimento de recursos humanos, gestão padrão da fazenda de camarão, gestão da qualidade da água, fornecimento de subsídios do governo e seguro, produção de ração de boa qualidade, estabelecimento de instalações e serviços de laboratório úmido, fornecimento de sementes de alta qualidade e livres de patógenos, fornecer segurança adequada aos viveiros de camarão e aumentar o potencial de mercado. Os agricultores sozinhos não poderiam resolver todas as questões acima.

Por conseguinte, o governo ou as agências privadas devem alargar as suas facilidades/assistência para resolver todos estes problemas.

REFERÊNCIA

Abraham TJ e Manley, 1995. *Vibrio harveyi* luminoso e não luminoso associado à doença das conchas em *Penaeus indicus* cultivado. Journal of Aquaculture in the Tropics, 10: 273-276.

Abraham TJ, R Planiappan e K Dhevendaran, 1997. Infestação epibiótica de bactérias luminosas em larvas de camarão *Penaeus indicus* (H. Milne Edwards). Indian Journal of Marine Sciences, 26(2): 209-212.

Abraham TJ, S Ghosh, TS Nagesh e D Sasmal, 2004. Distribuição de bactérias envolvidas nos ciclos do azoto e do enxofre em sistemas de cultura de camarão em Bengala Ocidental, Índia. Aquaculture, 239: 275 - 288.

ADB/NACA, 1998. Report on a regional study and workshop on aquaculture sustainability and the environment (RETA, 5534) Asian Development Bank and Network of Aquaculture Centres in Asia Pacific NACA, Bangkok, Thailand.

Aguado N e AKM Bashirullah, 1996. Doenças da carapaça em camarões peneídeos selvagens na região leste da Venezuela. Jornal de Aquacultura e Ciências Aquáticas, 8(1): 1-6.

Aiyamperumal B, 1992. Ecologia de indicadores microbianos e agentes patogénicos selecionados dos ambientes costeiros de Madras. (Sul da Índia). Tese de doutoramento, Universidade de Annamalai, Índia.

Akiyama DM, WG Dominy e AL Lawrence, 1991. Penaeid shrimp nutrition for the commercial feed industry: Revisto por DM Akiyama e RKH Tan, (Eds.).

Actas do Workshop sobre Aquacultura e Processamento e Nutrição de Alimentos para Animais. Singapura, República de Singapura, pp. 80-98.

Alagaraswamy K, 1995. Current Status of Aquaculture in India: The Present Phase of Development and Future Growth. The Report of the Regional Study and Workshop on the Environmental Assessment and Management of Aquaculture Development. Organização das Nações Unidas para a Alimentação e a Agricultura e Rede de Centros de Aquicultura na Ásia-Pacífico, Banguecoque, Tailândia, pp. 141-186.

Alava VR e C Lim, 1983. The quantitative dietary protein requirement of *Penaeus monodon* juveniles in a controlled environment. Aquaculture, 30: 53-61.

Allan GL e GB Maguire, 1992. Effects of PH and salinity on the survival, growth, and osmoregulation in *Penaeus monodon* (Fabricius). Aquaculture, 107: 33-47.

Anh PT, C Kroeze, SR Bush e APJ Mol, 2010. Poluição da água em viveiros de camarões salobros no sudeste do Vietname: Causas e opções de controlo. Gestão da Água Agrícola, 97(6): 872-882.

Anon, 1994. Fisheries statistics of Indonesia, 1993. Jacarta, Departamento de Agricultura, Direção-Geral das Pescas, pp. 118.

Anon, 2002. Gujarat Fisheries Statistics 2000-2001.

Anukam KC, EO Osazuwa e G Reid, 2004. Reduzir o risco de VIH nas mulheres, utilizando probióticos como uma estratégia alternativa. Conferência Internacional sobre SIDA, 15 (Resumo nº E. 10839): 11-16.

Anukam KC, EO Osazuwa e G Reid, 2006. Knowledge of probiotics by Nigerian

clinicians. International Journal of Probiotics and Prebiotics, 1(1): 57-62.
Aquacop, 1979. Reprodutores de peneídeos cultivados: fechar o ciclo de *Penaeus monodon, stylirostris e P. vannamei*. Actas, Journal of World Mariculture Society, 10: 445-452.
Autoridade de Aquacultura da Índia (AAI), 2001. Shrimp aquaculture and the environment-An environment impact assessment report submitted to the Supreme Court of India. Aquaculture Authority (Government of India), Chennai, Índia, pp. 114.
Ashraf e Ali, 2000. Probióticos em piscicultura - Avaliação de uma mistura de bactérias candidatas. Vattenbruksinstitutionen. Relatório 19, Umea" 2000, Tese de Doutoramento. pp. 1-18.
Austin B, LF Stuckey, PAW Robertson, I Effendi e DRW Griffith, 1995. Uma estirpe probiótica de *Vibrio alginolyticus é* eficaz na redução de doenças causadas por *Aeromonas salmonicida, Vibrio anguillarum* e *Vibrio ordalii*. Journal of Fish Diseases, 18: 93-96.
Ayyappan S e M Krishnan, 2005. Offbeat Attempts Needed, The Hindu Survey of Agriculture, pp. 134-136.
Backiel T e ED LeCren, 1967. Algumas relações de densidade para parâmetros de populações de peixes. In: The Biological basis of Freshwater Fish Production, Gerking SD (Eds.), Blackwell Scientific Publications. Oxford, pp. 261-293.
Bailey-Brock JH e SM Moss, 1992. Penaeid taxonomy, biology and zoogeography, In: Marine Shrimp Culture Principles and Practices, Fast AW e LJ Lester (Eds.). Elsevier Science Publishers, Amesterdão, pp. 9-23.
Balakrishnan Nair N, 1998. Impacto da aquacultura nos ecossistemas costeiros e medidas de mitigação sugeridas. In: Advances in aquatic biology and Fisheries, Natarajan P., K Dhevendaran, CM Aravindan e SD Rita Kumari (Eds.). Comité de Felicitação do Prof. Balakrishnan Nair, Universidade de Kerala, Trivandrum, Índia, 26 de março de 1998, pp. 11-30.
Balcázar JL, D Vendrell, I de Blas, I Ruiz-Zarzuela, O Gironés e JL Múzquiz, 2007. Adesão competitiva *in vitro* e produção de compostos antagonistas por bactérias do ácido lático contra agentes patogénicos de peixes. Veterinary Microbiology, 122: 373-380.
Barg U e CR Lavilla-Pitogo, 1996. A utilização de produtos químicos em aquacultura: um breve resumo de duas reuniões internacionais de peritos. FAO Aquaculture Newsletter, 14: 12-13.
Barker G, 1998. Novos métodos de controlo de doenças - o mundo de amanhã. Trout News, Centre for Environment Fisheries and Aquaculture Science, 26: 19-20.
Baticados MCL, RM Coloso e RC Duremdez, 1986. Estudos sobre a síndrome da casca mole crónica no camarão-tigre *Penaeus monodon* (Fabricius) de tanques de água salobra. Aquaculture, 56: 271-285.
Bell TA e DV Lightner, 1988. A handbook of normal shrimp histology. Sociedade Mundial de Aquacultura, Baton Rouge, Louisiana, pp. 114.
Bhatta R, 2000. Coastal aquaculture and coastal ecosystem: Perspetiva institucional de

Karnataka. Em Krishnan M e PS Birthal (Eds.), 1999. Actas de um seminário sobre o desenvolvimento da aquicultura na Índia: Problems and prospects, National Centre for Agriculture Economics and Policy Research, Nova Deli, Índia, 6(7): 78 -86.

Blackburn TH, BA Lund e MD Krom, 1998. Mineralização de V e N nos sedimentos de tanques de peixes de terra. Marine Ecology Progress Series, 44:221-227.

Bose AN, SN Gosh, CT Yang e A Mitra, 1991. Coastal aquaculture engineering, Chapman and Hall, Nova Iorque, pp. 361.

Boyd CE, 1990. Water quality in ponds for aquaculture (Qualidade da água em tanques para aquacultura). Estação Experimental Agrícola do Alabama, Universidade de Auburn, Alabama, EUA.

Briggs M, S Funge-Smith, R Subasinghe e M Phillips, 2004. Introductions and Movement of *Penaeus vannamei* and *Penaeus stylirostris* in Asia and the Pacific. Gabinete Regional da FAO para a Ásia e o Pacífico, Banguecoque, Tailândia.

Brunt J, A NewAj-Fyzul e B Austin, 2007. O desenvolvimento de probióticos para o controlo de múltiplas doenças bacterianas da truta arco-íris, *Oncorhynchus mykiss* (Walbaum). Journal of Fish Diseases, 30: 573-579.

Bureau DP, PA Azevedo, M Tapia-Salazar e G Cuzon, 2000. Padrão e custo do crescimento e deposição de nutrientes em peixes e camarões: Potenciais implicações e aplicações. In: Cruz-Suárez LE, D Ricque-Marie, M Tapia-Salazar, MA Olvera-Novoa e R Civera-Cerecedo (Eds.), Avances en Nutrición Acuícola V. Memorias del V Simposium Internacional de Nutricón Acuícola. 19-22 de novembro. Mérida, Yucatán, México, pp. 111-140.

Burford MA e KC Williams, 2001. The fate of nitrogenous waste from shrimp feeding. Aquaculture, 198: 79-73.

Burr G, D Gatlin, e S Ricke, 2005. Microbial Ecology of the Gastrointestinal Tract of Fish and the Potential Application of Prebiotics and Probiotics in Finfish Aquaculture. Journal of the World Aquaculture Society, 36(4): 425-436.

Business Today, 1999. setembro, pp. 4-21.

Chakraborty SC, AK Paul, e MA Hossain 1997. Effect of stocking density on growth of tiger shrimp (*Penaeus monodon*) fed on commercially formulated diets. Bangladesh Journal of Fisheries Research, 1: 53-63.

Chim L, M Castex, D Pham, P Lemaire, P Semidely e M Mariojouls, 2008. Avaliação de gaiolas flutuantes como ferramenta experimental para estudos de cultura de camarões marinhos em condições práticas de tanques de terra. Aquaculture, 279: 63-69.

CIBA, 1998. Consultoria sobre o programa de monitorização ambiental no âmbito do projeto de criação de camarões e peixes apoiado pelo Banco Mundial em Bengala Ocidental e Orissa (Fase II). Environmental status report of the first crop (June-Oct "98) in canning farm, West Bengal, Central Institute of Brackishwater Aquaculture, Chennai, India, pp. 26.

Coche G, 1976. Uma revisão geral da cultura em gaiolas e sua aplicação em África.

FAO Tech. Conf. sobre Aquacultura, Kyoto, Japão, Tech. FIR: AQ/Conf /76/E. 72: 33.

Cyriac KJ, 2002. Status of shrimp farming in India. Expert consultation on development of sustainable shrimp farming in India, Aquaculture Authority, Ministério da Agricultura, Chennai, Índia, pp. 28-29.

D "Abramo LR e SS Sheen, 1994. Requisitos nutricionais, formulação de rações e práticas alimentares para a cultura intensiva do camarão de água doce (*Macrobrachium* rosenbergii). Reviews in Fisheries Science, 2: 1-21.

Dall W, BJ Hill, PC Rothlisberg e DJ Staples, 1990. Biology of the Penaeidae. In: Advances in Marine Biology, Blaxter, JHS e AJ Southward (Eds.). Academic Press, Londres, Reino Unido, 27: 489.

Dalsgaard A, 1998. The occurrence of human pathogenic *Vibrio* spp. and *Salmonella* in aquaculture. Jornal Internacional de Ciência e Tecnologia Alimentar, 33: 127-138.

Daniels WH, LR D" Abramo, MW Fondren e MD Durant, 1995. Effects of stocking density and feed on pond production characteristics and revenue of harvested freshwater prawns *Machrobrachium rosenbergii* stocked as sizegrades juveniles. Journal of the World Aquaculture Society, 26(1): 38-47.

De Simone C, B Bianchi Salvadori, R Negri, M Ferrazzi, L Baldinelli e R Vesely, 1986. The adjuvant effect of yogurt on the production of a-interferon by Con A-stimulated human peripheral blood lymphocytes. Nutrition Reports International, 33: 419-433.

Diminuir B, 1995. Níveis de nutrientes em algumas rações comerciais para camarões e ingredientes para rações da Ásia e da América Latina - Uma análise comparativa. In Proceedings of the Feed Ingredients Asia "95. Centro Internacional de Convenções e Exposições de Singapura, Singapura. 19-21 de setembro de 1995. Turret Group PLC, Reino Unido, pp. 49-70.

Direkbusarakom S, A Herunsalee, M Yoshimizu, Y Ezura e T Kimura, 1997. Eficácia do extrato de goiaba (*Psidium quajava*) contra alguns agentes patogénicos de peixes e camarões. In: Flegel TW e IH MacRae (Eds.). Disease in Asian

Aquaculture III Fish Health Section, Asian Fisheries Society, Manila, pp. 359363.

Douillet PA, 2000. Aditivos bacterianos que aumentam consistentemente o crescimento de rotíferos em condições de cultura sintética 1. Avaliação de produtos comerciais e de isolados puros. Aquaculture, 182: 249-260.

Dubrovsky A, JL Paynter, SK Sambhi, JG Atherton e RJG Lester, 1988. Observations on the ultra structure of baculovirus in Australian *Penaeus monodon* and *Penaeus merguiensis*. Australian Journal of Marine and Freshwater Research, 39: 743-749.

Edwards, P e H Demaine, 1997. Rural aquaculture: Overview and framework for country reviews. Publicação RAP 1997/36. Gabinete Regional para a Ásia e o Pacífico, Organização das Nações Unidas para a Alimentação e a Agricultura, Banguecoque, Tailândia.

FAO, 2011. Perfis dos países da pesca e da aquicultura, Índia.

FAO, 2000. Pequenos lagos fazem uma grande diferença: Integrating Fish with Crop and Livestock Farming. (http://www.fao.org/docrep/003/x7156e/x7156e00.htm)

FAO, 2001. Relatório da consulta de peritos da FAO/Governo da Austrália sobre boas práticas de gestão e boas disposições jurídicas e institucionais para uma cultura sustentável do camarão, Brisbane, Austrália, 4-7 de dezembro de 2000. Relatório da FAO sobre pescas 659.

FAO, 2005. Estatísticas da pesca, 2005 e FAO, 2003. Anuário da pesca e da produção aquícola. Roma, 97: 235.

FAO, 2006. Análise mundial da pesca e da aquicultura. The State of World Fisheries and Aquaculture. Organização das Nações Unidas para a Alimentação e a Agricultura, Roma, Itália.

FAO, 2012. Revisão mundial da pesca e da aquicultura.

FAO/OMS, 2001. Health and nutritional properties of probiotics in food including powder milk with live lactic acid bacteria, Relatório de uma consulta conjunta de peritos da FAO/OMS sobre a avaliação das propriedades nutricionais e de saúde dos probióticos nos alimentos, incluindo leite em pó com bactérias vivas do ácido lático, Córdova, Argentina.

Felix S, 2000. Ocorrência de bactérias patogénicas nos sistemas de criação de camarão de Tamil Nadu. Journal of Aquaculture in the Tropics, 15: 365-369.

Flaherty M e P Vandergeest, 1999. Rice Paddy or Shrimp Pond. Tough Decisions in Rural Thailand, World Development, 27(12): 2045-2060.

Folke C e N Kautsky, 1992. A aquicultura e o seu ambiente: Perspectivas de sustentabilidade. Ocean and Coastal Management, 17: 5-24.

Fuller R, 1989. A review: Probiotics in man and animals. Jornal de Bacteriologia Aplicada, 66: 365-378.

Fuller R, 1992. Problemas e perspectivas. In: Fuller R. (Eds.) Probiotics. The Scientific basis. Chapman & Hall, Londres, Reino Unido, pp. 377-386.

Funge-Smith SJ e AJ Steward, 1996. Identification of social, economic, and environmental constraints to sustainability with reference to shrimp culture. Coastal Aquaculture.

Garnier J e A Barillier, 1991. Synthse et degradation de la martiere organique dans les ecosystems aquatiques: boucle microbienne et staut trophique. Oeanis, 17(5): 561 - 580.

Garriques D e G Arevalo, 1995. Uma avaliação dos probióticos e da utilização de um isolado bacteriano vivo para manipular a flora microbiana na produção comercial de pós-larvas *de Penaeus vannzamei* no Equador CL e Hopkins JS. (Eds.). Sociedade Mundial de Aquacultura, pp. 53-59.

Gatesoupe FJ, 1994. As bactérias do ácido lático aumentam a resistência das larvas de pregado, *Scophthalmus maximus*, contra o *Vibrio* patogénico. Aquatic Living Resources, 7: 277-282.

Gatesoupe FJ, 1999. A utilização de probióticos em aquacultura. Aquaculture, 180: 147-165.

Gibson LF, J Woodworth e AM George, 1998. Probiotic activity of *Aeromonas* media on the Pacific oyster, *Crassostrea gigas*, when challenged with *Vibrio tubiashii*. Aquaculture, 169: 111-120.

Gismondo MR, L Drago e A Lombardi, 1999. Revisão dos probióticos disponíveis para modificar a flora gastrointestinal. International Journal of Antimicrobial Agents, 12: 287-292.

GOVERNO DA ÍNDIA, 2005. Índia: A Reference Annual, Divisão de Publicações, Governo da Índia.

Gomez-Gil B, A Roque, e JF Turnbull, 2000. A utilização e seleção de bactérias probióticas para utilização na cultura de organismos aquáticos larvares. Aquaculture, 191: 259-270.

Gopalan UK, PP Meenashikunjamma e KS Purushan, 1980. Fungal infection in the tiger prawn (*Penaeus monodon*) and in other crustaceans from the Cochin backwaters. Mahasagar, 13(4): 359-365.

Gram L, J Melchiorsen, B Spanggaard, I Huber e T. Nielsen, 1999. Inibição de *Vibrio anguillarum* por *Pseudomonas fluorescens* estirpe AH2, um possível tratamento probiótico de peixes. Applied and Environmental Microbiology, 65: 969-973.

Griffith DRW, 1995. Microbiologia e o papel dos probióticos nas incubadoras de camarões do Equador. In: Larens P, E Jaspers, I Roelands (Eds.) Podium. Sociedade Europeia de Aquacultura, Gent, pp. 478.

Gullian M, F Thompson e J Rodryguez, 2004. Seleção de bactérias probióticas e estudo do seu efeito imunoestimulador em *Penaeus vannamei*. Aquaculture, 233: 1-14.

Hall D, 2003. The International Political Ecology of Industrial Shrimp Aquaculture and Industrial Plantation Forestry in Southeast Asia [A Ecologia Política Internacional da Aquacultura Industrial de Camarão e da Silvicultura Industrial no Sudeste Asiático]. Jornal de Estudos do Sudeste Asiático, 34(02): 251-264.

Hameed ASS, 1994. Transmissão experimental e histopatologia da doença da mancha castanha no camarão (*Penaeus indicus*) e na lagosta (*Panulirus homarus*). Journal of Aquaculture in the Tropics, 9: 311-321.

Hanson JE e HL Goodwin, 1997. Criação de camarões e gambas no hemisfério ocidental

Hemisfério Ocidental. Dowden, Hutchinson e Ross, Stroudsburg, PA, pp. 439.

Hardman JRP, R Tread-well e GB Maguire, 1991. Economics of prawn farming in Australia (Economia da criação de camarões na Austrália). In: Actas da Conferência Internacional sobre Crustáceos, 2-6 de julho de 1990, Brisbane, Mem. Qld. Museum, 31: 421-434.

Harikumar G e G Rajendran, 2007. An overview of Fisheries-with particular
ênfase na Aquacultura. Souvenir do Projeto de Pescas Integradas, pp. 2-5

Harzevili ARS, H Van duffel, P Dhert, J Swings e P Sorgeloos, 1998. Utilização de uma estirpe potencialmente probiótica *de Lactobacillus lactis* Ar21 para o aumento do crescimento do rotífero *Brachionus plicatilis* (Müller). Aquaculture Research, 29: 411-417.

Haylor GS, 1991. Produção controlada em maternidade de *Clarias gariepinus*

(Burchell 1922): Crescimento e sobrevivência dos alevins a uma densidade de povoamento elevada. Aquaculture and Fisheries Management, Oxford, 22: 405-422.

Holthuis LB e catálogo de espécies da FAO, 1980. Shrimps and prawns of the world - An annotated catalog of species of interest in fisheries. FAO Fisheries Synopsis, 1 (125): 271.

Hopkins JS, ML Baird, OG Grados, PP Maier, PA Sandifier e AD Stokes, 1988. Impacts of intensive shrimp production on the culture pond ecosystem (Impactos da produção intensiva de camarão no ecossistema dos tanques de cultura). Journal of the World Aquaculture Society, 19(1): 37.

http://agritech.tnau.ac.in/fishery/fish_shrimps.html

http://vietnamseafoodnews.com/?p=3387

http://www.dzproduct.com/category/food-agriculture/page/520

http://www.eurofish.dk/index.php?option=com_content&view=article&id=181&Itemid=69

http://www.fis.com/

http://www.globefish.org/shrimp-asia-march-2012.html).

http://www.mpeda.com/

http://www.nationmultimedia.com/business/Good-year-seen-for-Thai-shrimps-30173569.html

Hugh-Jones M, 1995. Another shrimp "gold rush" goes bust. Publicado na Rede de Ciências Sociais da Pesca, 28 de novembro.

Huitric M, C Folke e N Kautsky, 2002. Analyzing development and Government policies of the shrimp farming industry in Thailand in relation to mangrove ecosystems. Ecological Economic, 40: 441-445.

Hull ST e RD Edwards, 1976. Experience in farming turbot, *Scophthalmus maximus* in floating sea cages - Progress since 1970 by the British White Fish Authority. FAO. Tech. Conf. on Aquaculture, Kyoto, Japão, Tech. pp. FIR: AQ/Conf/76/E. 32: 15.

Irianto A e B Austin, 2002. Probiotics in aquaculture (Probióticos na aquacultura). Journal of Fish Diseases, 25: 633-642.

Islam MS, S Khan e M Tanaka, 2004. Carga de resíduos nos efluentes do processamento de camarão e peixe: uma fonte potencial de riscos para os ambientes costeiros e próximos da costa. Marine Pollution Bulletin, 49: 103-110.

James PSBR, 1998. A necessidade da interface meio ambiente - desenvolvimento e a criação de camarões. In: Avanços em biologia aquática e pescas, Natarajan P, Dhevendaran K, Aravindan CM e SD Rita Kumari (Eds.). Prof.

Comité de Felicitação Balakrishnan Nair, Universidade de Kerala, Trivandrum, Índia, 26 de março de 1998, pp. 39-52.

Jayabala N, S Bala, e K Ravi, 1996. Luminous bacterial disease in shrimp (doença bacteriana luminosa do camarão). Fishing Chimes, 5(11): 32-33.

Johnson L, 1980. The arctic charr, *Salvelinus alpinus*, pp. 15-98. In EK Balon (Eds.) Charrs: Salmonid fishes of the genus *Salvelinus*. Dr. Junk W, Publication, Haia, Países Baixos, pp. 928.

Jorgensen EH, JS Christiansen e M Jobling, 1993. Effects of stocking density on food intake, growth performance and oxygen consumption in Arctic charr (*Salvelinus alpinus*). Aquaculture, 110(2): 191-204.

Jory D, 1998. Utilização de probióticos no cultivo de camarões penaeídeos. Revista Aquaculture, 24: 62-67.

Jory DE, 1995. Práticas de gestão dos alimentos para um ambiente saudável nos tanques. In: Browdy, CL, JS Hopkins (Eds.). Swimming Through Troubled Water, Proceedings of the Special Session on Shrimp Farming, World Aquaculture Society, LA Baton Rouge, pp. 118 - 143.

Karunasagar I, R Pai, GR Malathi e I Karunasagar, 1994. Mass mortality of *Penaeus monodon* larvae due to antibiotic resistant *Vibrio harveyi* infection. Aquaculture, 128: 203-209.

Karunasagar I, SK Otta e I Karunasagar, 1997. Estudo histopatológico e bacteriológico da síndrome da mancha branca do Penaeus monodon ao longo da costa ocidental da Índia. Aquaculture, 153(1-2): 9-13.

Karunasagar I, SK Otta, I Karunasagar e K Joshua, 1996. Aplicações da vacina contra Vibrio na cultura do camarão. Fishing Chimes, 14(3-4): 205-254.

Kinne O, 1971. Salinity. Animals Invertebrates, In Kinne O. (Eds.) Marine Ecology, 2: Willey -Interscience, New York, pp. 821-995.

Klaenhammer TD e MJ Kullen, 1999. Seleção e conceção de probióticos. Jornal Internacional de Microbiologia Alimentar, 50: 45- 57.

Kocherry T, 1995. Desastres socioeconómicos da agricultura de água salobra. Sinos de Pesca, 15: 7.

Kollath W, 1953. Ernährung und Zahnsystem. Deutsch. Zahnaerzt. Z. 8: 7-16.

Kozasa M, 1986. Toyocerin (*Bacillus toyoi*) é um promotor de crescimento para a alimentação animal. Migrobiologie-Aliments-Nutrition, 4: 121-124.

Krantz GC e J Norris, 1975. Proceedings of 6th Annual Workshop, Mariculture Society, Seattle, Washington, 27-31, janeiro, 6: 48-51.

Krishnan M, PS Birthal, K Ponnuswamy, N Kumaran e Harbir Singh. 2001. Economic evaluation of brackish water aquaculture system in India (Avaliação económica do sistema de aquicultura de água salobra na Índia). Relatório de projeto (ICAR in AP cess funds), Central Institute of Brackishwater Aquaculture, Chennai e National Centre for Agricultural Economics and Policy Research, Nova Deli, 1998-2001, pp. 130.

Krishnan P, R Shaik Jalalludin e K Jayasundari, 1983. Estudos sobre o crescimento de camarões peneídeos em jaulas fixas e flutuantes nos remansos de Kovalam. In: Procedimentos do Seminário Nacional sobre cultura em gaiolas e recintos fechados, Tuticorin, pp. 89-94.

Lategan MJ e LF Gibson, 2003. Antagonistic activity of *Aeromonas* media strain A199 against *Saprolegnia* sp., an opportunistic pathogen of the eel *Anguilla australis* Richardson. Journal of Fish Diseases, 26: 147-153.

Lategan MJ, FR Torpy e LF Gibson, 2004. Biocontrolo da saprolegniose na perca prateada *Bidyanus bidyanus* (Mitchell) por *Aeromonas* media estirpe A199. Aquaculture, 235: 77-88.

Lategan MJ, FR Torpy e LF Gibson, 2004a. Controlo da saprolegniose na enguia *Anguilla australis* Richardson, por *Aeromonas* media estirpe A199. Aquaculture, 240: 19-27.

Lategan MJ, W Booth, R Shimmon e LF Gibson, 2006. Uma substância inibitória produzida por *Aeromonas* media A199, um probiótico aquático. Aquaculture, 254: 115-124.

Le Moullac G, C Soyez, D Saulnier, D Ansquer, JC Avarre e P Levy, 1998. Effect of hypoxic stress on the immune response and the resistance to vibriosis of the shrimp *Penaeus stylirostris*. Fish and Shellfish Immunology, 8: 621-629.

Lebel L, NH Tri, A Saengnoree, S Pasong, U Buatama e LK Thoa, 2002. Industrial Transformation and Shrimp Aquaculture in Thailand and Vietnam: Pathways to Ecological, Social and Economic Sustainability. AMBIO: A Journal of the Human Environment, 31(4): 311-323.

LeCren ED, 1962. A eficiência da reprodução e do recrutamento em peixes de água doce. In: The Exploitation of Natural Animal Populations. LeCren ED e MM Holdgate (Eds.), Blackwell Scientific Publications. Oxford, pp. 283-296.

LeCren ED, 1965. Alguns factores que regulam o tamanho das populações de peixes de água doce. Mitteilung Internationale Vereinigung fuer Theoretische unde Amgewandte Limnologie, 13: 88-105.

Lee DOC e JF Wickens, 1992. Crustacean Farming. Oxford, Blackwell Scientific Publications.

Li HW e RW Brocksen, 1977. Approaches to the analysis of energetic costs of intraspecific competition for space by rainbow trout (*Salmo gairdneri*). Journal of Fish Biology, 11(4): 329-341.

Liao IC e NH Chao, 1983. Desenvolvimento da cultura do camarão e estudos conexos em Taiwan. In: Actas da Primeira Conferência Internacional sobre Crustáceos de Aquacultura de Águas Quentes, 9-11 de fevereiro, Universidade Brigham Young, Hawaii, EUA, 127-142.

Liao IC e YH Chien, 1994. Cultura do camarão Kuruma na Ásia. World Aquaculture, 25: 18-33.

Lightner DV, 1983. Doenças do camarão peneídeo cultivado. In: CRC Handbook of Mariculture. Crustacean Aquaculture, McVey JP (Eds.), CRC Press, Boca Raton, FL, EUA, pp. 289-320.

Lightner DV, 1984. A review of the diseases of coastal Penaeid shrimps and prawns with emphasis on recent discoveries and developments. In: Actas do 2nd Fórum Asiático das Pescas, Japão. 17-22 de abril, pp. 79-103.

Ling BH, PS Leung e YC Shang, 1999. Comparação da criação de camarão na Ásia: a abordagem do custo dos recursos internos. Aquaculture, 175 (1-2): 31-48.

Lovell T, 1988. Nutrition and Feeding of Fish. Van Nostrand Reinhold, NewYork, pp. 260.

Maeda M e IC Liao, 1992. Efeito da população bacteriana no crescimento de larvas de camarão *Penaeus monodon*. Aquaculture, 21: 25-29.
Manilal A, 2011. Derivados halogenados bioactivos da alga vermelha marinha (*Asparagopsis taxiformis)*: Formulação e desenvolvimento de terapêutica para camarões. Tese de doutoramento apresentada à Universidade de Bharathidasan.
Manilal A, S Sujith, GS Kiran, J Selvin e MVN Panikkar, 2011. Avaliação de bioactivos de algas marinhas em ervas daninhas aquáticas florais e faunísticas comuns de tanques de camarão. Thalassas Um Jornal Internacional de Ciências Marinhas, 27 (1): 47-55.
Manilal A, S Sujith, GS Kiran, J Selvin, C Shakir e AP Lipton, 2010. Antimicrobial potential of marine organisms collected from the southwest coast of India against multiresistant human and shrimp pathogens. Scientia Marina, 74(2): 287-296.
Manilal A, S Sujith, GS Kiran, J Selvin, C Shakir, R Gandhimathi e AP Lipton, 2009. O potencial antimicrobiano e a sazonalidade das algas vermelhas recolhidas na costa sudoeste da Índia testadas contra camarões, seres humanos e fitopatógenos. Anais de Microbiologia, 59(2): 207-219.
Manilal A, S Sujith, J Selvin, GS Kiran e C Shakir, 2009a. Atividade antiviral in vivo do polissacárido da alga verde indiana, Acrosiphonia *orientalis* (Agardh J), potencial implicação na gestão da doença do camarão. Revista Mundial de Ciências Marinhas da Pesca, 1(4): 278-282.
Manilal A, S Sujith, J Selvin, GS Kiran, C Shakir, Gandhimathi, 2010a. Virulência da vibriose isolada de camarão-tigre preto doente, *Penaeus monodon*. Jornal da Sociedade Mundial de Aquacultura, 41: 332-343.
Manivannan S, SK Otta, I Karunasagar e I Karunasagar, 2002. Multiple viral infections in *Penaeus monodon* shrimp postlarvae in an Indian hatchery. Diseases of Aquatic Organisms, 48: 233-236.
Martin JL, Y Veran, O Guelorget, e D Pham, 1998. Shrimp rearing: stocking density, growth, impact on sediment, waste output and their relationships studied through the nitrogen budget in rearing ponds. Aquaculture, 164: 135149.
Mayer F, 1991. Aquaculture Disease and Health Management. Journal of Animal Science, 69: 4201-4208.
Meunpol O, K Lopinyosiri e P Menasveta, 2003. Os efeitos do ozono e dos probióticos na sobrevivência do camarão-tigre preto (*Penaeus monodon*). Aquaculture, 220: 437-448.
Meunpol O, S Iam-Pai, W Suthikrai e S Piyatiratitivorakul, 2007. Identificação de progesterona e 17 alfa-hidroxiprogesterona em poliquetas (*Perinereis* sp.) e efeitos de extractos hormonais no desenvolvimento de oócitos de peneídeos *in vitro*. Aquaculture, 270 (1-4): 485-492.
Miao S, 1992. Modelo de crescimento e sobrevivência do camarão de cauda vermelha *Penaeus pencillatus* (Alock) de acordo com a manipulação da densidade de povoamento. Boletim do Instituto de Zoologia da Academia, 31: 1-8.
Mohan CV e KM Shankar, 1998. Descobertas recentes sobre a síndrome da mancha

branca (WSS) do camarão cultivado; implicações de gestão. Fishing Chimes, setembro, pp. 35-37.
Mohan CV, e HN Basavarajappa, 2000. Índia, In: Thematic Review on Management Strategies for Major Diseases in Shrimp Aquaculture. A Component of the WB/NACA/WWF/FAO Program on Shrimp Farming and the Environment. Report of the Workshop Held in Cebu, Philippines from 2830 November 1999.
Mohanty K, 1996. Effect of turbidity and its management in aquaculture. Fisheries World, 3: 24-25.
Mohanty K, 2001. Gestão da alimentação e produção de resíduos na criação semi-intensiva de *Penaeus monodon* em diferentes densidades de povoamento. Aquaculture International, 9(4): 345-355.
Moriarty DJW, 1997. The role of microorganisms in aquaculture ponds (O papel dos microrganismos nos tanques de aquacultura). Aquaculture, 151: 333-349.
Moriarty DJW, 1998. Controlo de espécies luminosas *de Vibrio* em tanques de aquacultura de peneídeos. Aquaculture, 164: 351-358.
Moriarty DJW, 1998. Controlo de espécies luminosas *de Vibrio* em tanques de aquacultura de peneídeos, Aquaculture, 164: 351-358.
Moriarty DJW, 1999. Controlo de doenças em aquacultura de camarão com bactérias probióticas. In: Microbial Systems: New Frontiers, Actas do 8.º Simpósio Internacional. Bell CR, M Brylins e P Johnson-Green, (Eds.). Microbial Ecology, Canadá.
Motoh H, 1984. Biologia e Ecologia de *P. monodon.* Actas da Primeira Conferência Internacional sobre a Cultura de Camarões Penaeid, Filipinas, Departamento de Aquacultura da SEAFDEC.
Motoh H, 1985. Biologia e Ecologia de *Penaeus monodon*. In: Actas da Primeira Conferência Internacional sobre a Cultura do Camarão Penaeid, Taki Y, JH primavera e JA Llobrera (Eds.). Departamento de Aquacultura, Centro de Desenvolvimento das Pescas do Sudeste Asiático, Iloilo, Filipinas, pp. 27-36.
MPEDA e NEERI, 1996. Environment management for prawn farming activities, Relatório de síntese do MPEDA, pp. 12.
MPEDA, 2010. http://www.financialexpress.com/news/aquaculture-production-up-30-last-fiscal/622625/
MPEDA, 2002. Relatório Anual.
MPEDA, 2005. Documento de visão para a indústria indiana de exportação de produtos marinhos.
MPEDA, 2006. Desempenho das exportações, 2004-5, http://www.mpeda.com/
Mukul, 1994. O boom da aquacultura: Quem paga? Semanário económico e político de 3 de dezembro.
Nahavandi R, SMN Amin, S Zakaria e MN Shamsudin, 2010. Crescimento e relação comprimento-peso de *Penaeus monodon* cultivado em água do mar artificial. Journal of Fisheries International, 5: 27-30.
Nair RJ e M Sridhar, 2003. Tamanho ótimo da ração e frequência de alimentação para

pós-larvas *de Penaeus indicus* (H Milne Edwards). Journal of the Marine Biological Association of India, 45(2): 186-194.

Nash G, N Charetana, T Cholada, A Anutra, P Phusit e R Pongcham, 1992. Vibriose e seu controlo em *Penaeus monodon* criados em tanques na Tailândia. In: Diseases in Asian aquaculture, Shariff M, R Subasinghe e JR Arthur (Eds.). Fish Health Section, Asian Fisheries Society, Manila, Filipinas, pp. 143145.

NEERI, 1995. Relatório de investigação sobre os impactos da aquacultura e medidas corretivas em zonas costeiras ecologicamente frágeis nos estados de Andhra Pradesh e Tamil Nadu. Apresentado ao Honorável Supremo Tribunal. Instituto Nacional de Investigação em Engenharia Ambiental, Nagpur, Índia, pp. 143.

Novo MB, 1987. Feed and Feeding of Fish and Shrimp. Manual sobre a preparação e conservação de alimentos compostos para camarões e peixes em aquacultura. Relatório ADCP/REP/87/26. Programa das Nações Unidas para o Desenvolvimento. Organização das Nações Unidas para a Alimentação e a Agricultura, Roma, pp. 275.

Nikoskelainen S, S Salminen, G Bylund e A Ouwehand, 2001. Characterization of the properties of human and dairy-derived probiotics for prevention of infectious diseases in fish. Applied and Environmental Microbiology, 67: 2430-2435.

Nogami K e M Maeda, 1992. Bactérias como agentes de biocontrolo para a criação de larvas do caranguejo *Portunus trituberculatus*. Canadian Journal of Fisheries and Aquatic Sciences, 49: 2373-2376.

Nunes AJP e GJ Parsons, 1998. Eficiência na manipulação de alimentos e seletividade de tamanho de partículas pelo camarão castanho *Penaeus subtilis* alimentado com uma ração granulada seca. Marine and Freshwater Behaviour and Physiology, 31: 193-199.

Otta SK, I Karunasagar e I Karunasagar, 1999. Bacterial flora associated with shrimp culture ponds growing *Penaeus monodon* in India. Journal of Aquaculture in the Tropics, 14 (4): 309-318.

Palanisamy V, 1993. Estudos preliminares sobre doenças bacterianas associadas à larvicultura de peneídeos. Boletim do Departamento das Pescas, Malásia, 8: 15.

Palomino G, F Contreras, A Sanchez e C Rosas, 2002. Crescimento e sobrevivência de pós-larvas *de Litopenaeus setiferus* dependentes da densidade e das trocas de água. Journal of World Aquaculture Society, 32(2): 167-176.

Panchayuthapani D, 1997. A survey of shrimp disease in India (Estudo das doenças do camarão na Índia). In: Diseases in Asian Aquaculture III, Flegel TW e IH Mac Rae (Eds.). Sociedade Asiática de Pesca, Manila, pp. 225-232.

Panigrahi A, V Kiron, J Puangkaew, T Kobayashi, S Satoh e H Sugita, 2005. The viability of probiotic bacteria in rainbow trout *Oncorhynchus mykiss* (A viabilidade das bactérias probióticas na truta arco-íris *Oncorhynchus mykiss).* Aquaculture, 243: 241-254.

Panigrahi A, V Kiron, T Kobayashi, J Puangkaew, H Satoh e Sugita, 2004. Respostas imunitárias na truta arco-íris *Oncorhynchus mykiss* induzidas por uma potencial bactéria probiótica *Lactobacillus rhamnosus* JCM 1136. Veterinary Immunology and Immunopathology, 102: 379-388.

Pantulu VR, 1979. Cultura de peixes em gaiolas flutuantes na bacia inferior do rio Mekong. In: Advances in Aquaculture. TVR Pillay e WA Dill (Eds.), Fishing News Books Ltd., Farnham, Surrey, pp. 423-427.

Papoutsoglou SE, G Tziha, X Vrettos e A Athanasiou, 1998. Effects of stocking density on behavior and growth rate of European sea bass (*Dicentrarchus labral*) juveniles reared in a closed circulated system. Aquacultural Engineering, 18(2): 135-144.

Papst MH, TA Dick, AN Arnason e CE Engel, 1992. Effect of rearing density on the early growth and variation in growth of juvenile Arctic charr, *Salvelinus alpinus*(L.). Aquaculture and Fisheries Management, Oxford, 23: 41-47.

Parakarma MGIS, KD Rawat, G Venkateshwarlu e AK Reddy, 2009. A alimentação com vitaminas, antioxidantes e ração formulada enriquecida com óleo de fígado de bacalhau influencia o crescimento, a sobrevivência e a composição em ácidos gordos das pós-larvas *de Macrobrachium Rosenberg* (de Man,1879). Jornal de Ciências Aquáticas do Sri Lanka, 14: 59-74.

Parker RB, 1974. Probiotics are the other half of the antibiotic story. Animal Nutrition and Health, 29: 4-8.

Penha-Lopes G, AL Rhyne, J Lin e L Narciso, 2006. Efeitos da temperatura, densidade populacional e dieta no crescimento e sobrevivência de juvenis *de Mithraculus forceps* (Milne Edwards A, 1875) (Decapoda: Brachyura: Majidae). Aquaculture Research, 37(4): 398-408.

Ping G e Miemei, 1994. As variações bacterianas no ambiente aquático do tanque de camarões cultivados. Oceanologia e Limnologia Sinica / Haiyang Yu Huzhao. Qingdao, 25(6): 625-630.

primavera JH, 1983. Broodstock of Sugpo, *Penaeus monodon* Fabricius. Extension Manual No.7, Third Edition, Departamento de Aquacultura, Centro de Desenvolvimento das Pescas do Sudeste Asiático, Tigbauan, Iloilo, Filipinas, pp. 26.

primavera JH, 1991. Intensive Prawn Farming in the Philippines: Ecological, Social and Economic Implications. Ambio, 20(1): 28-33.

primavera JH, 1993. A critical review of shrimp pond culture in the Philippines. Reviews in Fisheries Science, 1: 151-201.

Ramanathan N, P Padmavathy, T Francis, S Athithian e N Selvaranjitham, 2005. Manual on polyculture of tiger shrimp and carps in freshwater, Tamil Nadu Veterinary and Animal Sciences University, Fisheries College and Research Institute, Thothukudi, pp. 1-161.

Ramasamy P, GP Brennan, e R Jayakumar, 1995. A record of the prevalence of Monodon Baculo Virus from postlarval *Peanaeus monodon* in Madras, India. Aquaculture, 130: 129-135.

Rao GRM, 2000. Present status of coastal aquaculture in India. Actas do Congresso Indiano de Ciências da Pesca, Chandigarh, Índia, 21-22 de setembro de 2000.

Raux P e Bailly D, 2002. Literature Review on World Shrimp Farming, Relatório individual do parceiro para o projeto: Policy Research for Sustainable Shrimp Farming

in Asia. Projeto INCODEV da Comissão Europeia, CEMARE, Universidade de Portsmouth, Reino Unido, e CEDEM, Brest, França.
Ray WM e YH Chien, 1992. Effects of stocking density and aged sediment on tiger prawn, *Penaeus monodon* according to life stage, sex, and source. Aquaculture, 164: 67-75.
Reddy VR, PP Reddy e UH Kumar, 2004. Ecological and Economic Aspects of Shrimp Farming in Andhra Pradesh (Aspectos ecológicos e económicos da criação de camarões em Andhra Pradesh). Indian Journal of Agricultural Economics, 20(1): 435.
Rengpipat S, A Tunyanun, AW Fast, S Piyatiratitivorakul e P Menasveta, 2003. Crescimento melhorado e resistência ao desafio *Vibrio* para camarão tigre preto (*Penaeus monodon*) criado em lago alimentado com um probiótico *Bacillus*. Diseases of Aquatic Organisms, 55: 169-173.
Rengpipat S, S Rukpratanporn, S Piyatiratitivorakul e P Menasaveta, 2000. Reforço da imunidade no camarão-tigre preto (*Penaeus monodon*) por uma bactéria probiótica (*Bacillus* S11). Aquaculture, 191: 271-288.
Rengpipat S, W Phianphak, S Piyatiratitivorakul e P Menasveta, 1998. Effects of a probiotic bacterium on black tiger shrimp *Penaeus monodon* survival and growth. Aquaculture, 167: 301-313.
Robertson PAW, C O" dowd, C Burrels, P Williams e B Austin, 2000. Utilização de *Carnobacterium* sp. como probiótico para salmão do Atlântico (*Salmo salar* L.) e truta arco-íris (*Oncorhynchus mykiss*, Walbaum). Aquaculture, 185: 235-243.
Rodina AG, 1972. Em Methods in Aquatic Microbiology, Eds. RR Colwell e MS Zambruski. Baltimore, Londres: University Park Press.
Rodriguez EM, IT Bombeo, S Fukumoto e RB Ticar, 1993. Criação em viveiro de *P. monodon* (Fabricius) utilizando compartimentos de rede suspensos (hapa) instalados num tanque. Aquaculture, 112(1): 107-111.
Rodríguez J, Y Espinosa, F Echeverría, G Cardenas, R Roman e S Stern, 2007. Exposure to probiotics and ß-1,3/1,6-glucans in larviculture modifies the immune response of *Penaeus vannamei* juveniles and both the survival to White Spot Syndrome Virus challenge and pond culture. Aquaculture, 273: 405-415.
Rosas C, A Sanchez, RE Diaz-Iglesia, Brito, E Martinez e L Soto, 1997. Nível crítico de oxigénio dissolvido para as pós-larvas *de Penaeus setiferus* e *Penaeus schmitti* (PL 10-18) expostas a alterações da salinidade. Aquaculture and Research, 152: 259272.
Rosenberry B (Eds.), 2001. World shrimp farming 2000. Publicado por Shrimp News International, San Diego, CA, 13: 324.
Rosenberry B, 1997. World shrimp farming 1997. Shrimp News International, San Diego, pp. 284.
Ruangpan L e R Tabkaew, 1994. Bactérias *Vibrio* associadas ao camarão-tigre preto *Penaeus monodon* na Tailândia. In: NTCT-JSPS- Seminário Conjunto sobre Ciências Marinhas, Universidade de Chulalongkorn, Banguecoque, Tailândia. Pp: 216-220.
Ruangpan L e T Kitao, 1991. Bactérias *Vibrio* isoladas do camarão-tigre preto, *Penaeus monodon* Fabricius. Journal of Fish Diseases, 14: 383-388.

Ruby SR, B Muralimanohar, A Sunderaraj, D Selvaraj, P Chidambaram, AC Mohan e B Ravushankar, 1998. Vírus da necrose infecciosa hipodérmica e hematopoiética em culturas de *P. monodon* em Tamilnadu, Índia. Índia. 1. Fish, 45: 183-186.

Sahu MK, NS Swarnakumar, K Sivakumar, T Thangaradjou e L Kannan, 2008. Probiotics in aquaculture: importance and future perspectives. Indian Journal of Microbiology, 48: 299-308.

Salinas I, A Cuesta, BA Esteban e J Meseguer, 2005. Administração dietética de *Lactobacillus delbrueckii* e *Bacillus subtilis*, isolados ou combinados, nas respostas imunes inatas celulares da dourada. Fish and Shellfish Immunology, 19: 67-77.

Sandifier PA, JS Hopkins e AD Stokes, 1987. Potencial de cultura intensiva de *Penaeus vannamei*. Journal of World Aquaculture Society, 18(2): 94-100.

Sathiadas R e Joseph J, 2001. Economics of diversified coastal aquaculture production systems in Kerala (Economia de sistemas diversificados de produção aquícola costeira em Kerala). Em Menon NR, M Kurup e R Philip (Eds.). Actas do workshop internacional sobre aquacultura e ambiente, Cochin, Índia, 13-14 de julho de 2001, pp. 29-39.

Schram E, JW Van der Heul, A Kamstra e MCJ Verdegem, 2006. Crescimento do linguado de Dover (*Solea solea*) dependente da densidade de povoamento. Aquaculture, 252(2-4): 339347.

Seidman ER e AL Lawrence, 1985. Growth, feed digestibility, and proximate body composition of juvenile *Penaeus vannamei* and *Penaeus monodon* grown at different dissolved oxygen levels. Journal of World Mariculture Society, 16: 333-346.

Selvam S e C Ramaswamy, 2001. Socio-Economic and Environmental Impacts of Shrimp Farming (Impactos socioeconómicos e ambientais da criação de camarões). Krishnan M e PS Birthal (Eds.), 1999. Aquaculture Development in India: Problems and prospects, National Centre for Agriculture Economics and Policy Research, Nova Deli, Índia, 6(7): 52.

Selvin J e AP Lipton, 2003. Vibrio alginolyticus associated with white spot disease of *Penaeus monodon*. Diseases of Aquatic Organisms, 57: 147-150.

Selvin J, AJ Huxley e AP Lipton, 2005. Patogenicidade, antibiograma e caraterísticas bioquímicas do *Vibrio harveyi* luminescente associado a

Doença da "concha negra" do *Penaeus monodon*. Tecnologia das Pescas, 42(1): 191196.

Selvin J, Ninawe AS, Lipton AP, 2009. Gestão das doenças do camarão: Prospective approaches. ANE Publishers, Nova Deli, Índia.

Senarath U e C Visvanathan, 2001. Environmental Issues in Brackish Water Shrimp Aquaculture in Sri Lanka (Questões ambientais na aquicultura de camarões de água salobra no Sri Lanka). Environmental Management, 27(3): 335348.

Shakir C, A Manilal, M Jayakumari, S Sujith e J Selvin, 2010. Situação atual da criação de camarão na costa sudoeste (Ilha Manroe, Kollam) da Índia, 1(4): 287-292.

Shang YC e P Leung, 1998. Comparative economics of shrimp farming in Asia (Economia comparativa da criação de camarões na Ásia). Aquaculture, 164(1-4): 183-

200.
Shankar KM e CV Mohan, 1998. Epidemiological aspects of viral diseases of shrimp in India (Aspectos epidemiológicos das doenças virais do camarão na Índia). Journal of Aquaculture in the Tropics, 13: 43-49.
Shanmugam A, SR ajamanickam e T Kannupandi, 1995. Cage culture of Indian white shrimp *Penaeus indicus* in Vellar estuary. Journal of the Marine Biological Association of India, 37(1-2): 166-170.
Shariff M, FM Yusoff, TN Devaraja e SP Srinivasa Rao, 2001. A eficácia de um produto microbiano comercial em tanques de camarão-tigre, *Penaeus monodon* (Fabricius), mal preparados. Aquaculture Research, 32:181-187.
Sharmila R, TJ Abraham e V Sundararaj, 1996. Bacterial flora of semi-intensive pond-reared *Penaeus indicus* (Milne Edwards H) and the environment. Journal of Aquaculture in the Tropics, 11: 193-203.
Shiau SY e BS Chou, 1991. Efeitos da proteína e da energia da dieta no desempenho do crescimento do camarão-tigre, *Penaeus monodon*, criado em água do mar. Nippon Suisan Gakkaishi, 57: 2271 -2276.
Siddharaju S e VR Menon, 1982. Experiments on shrimp farming in Kovalam backwaters of Tamil Nadu. Actas do Simpósio sobre Aquacultura Costeira, 1: 134-145.
Sindermann CJ, 1979. Doenças e anomalias de peixes e crustáceos associadas à poluição - Uma revisão do Boletim das Pescas, pp. 716.
Smith DM e SJ Tabrett, 2004. Accurate measurement of in vivo digestibility of shrimp feeds. Aquaculture, 232: 563- 580.
Smith DM, MA Burford, SJ Tabrett, SJ Irvin e L Ward, 2002. The effect of feeding frequency on water quality and growth of the black tiger shrimp (*Penaeus monodon*). Aquaculture, 207(1-2): 125-136.
Solis NB, 1988. The Biology and culture of *Penaeus monodon*. Documentos do Departamento, SEAFDEC Aquaculture Department, Tigbauan Iloilo, Filipinas, pp. 36.
Soundarapandian P e B Gunalan, 2008. Tecnologia recente para a sobrevivência e produção de camarão-tigre gigante *Penaeus monodon* ao longo da costa sudeste da Índia. Revista Internacional de Investigação Zoológica, 4(1): 21-27.
Soundarapandian P, K Sankthivel e GK Dinakaran, 2009. Cultura de *Penaeus monodon* (Fabricius) utilizando ração Cyclop-Eeze. Current Research Journal of Biological Sciences, 1(3): 113-117.
Srikrishnadhas, B. e V. Sundararaj, 1990. Estudos sobre o crescimento de camarões marinhos
em gaiolas e recintos flutuantes. Actas do Seminário Nacional sobre
Aquaculture Development in India - Problems and Prospects, Trivandrum, pp. 53-58.
Srinivasa Rao A e M Krishnan, 2000. Coastal Aquaculture: Issues of economics, equity and sustainability. Fishing Chimes, 20(5): 13-15.
Srinivasa Rao A e M Krishnan, 2001. Coastal Aquaculture: Issues of economics, equity and sustainability. Fishing Chimes, 21(1): 112-113.

Srinivasan A, 1997. Poluição na aquicultura - Não é uma falácia. Fishing Chimes, 17(1): 21.

Sudaryono A, E Tsvetnenko, J Hutabarat e LH Evans, 1999. Ingredientes de tremoço em dietas de camarão (*Penaeus monodon*): influência das espécies de *tremoço* e dos tipos de refeições. Aquaculture, 171: 121-133.

Sudha PM, CV Mohan, KM Shankar e A Hegde, 1998. Relationship between White Spot Syndrome Virus infection and clinical manifestation in Indian cultured penaeid shrimp. Aquaculture, 167: 95-101.

Sung HH, SC Lin, WL Chen, YY Ting e WL Chao, 2003. Influência do Timsen™ nas populações de *Vibrio* da água do tanque de cultura e do hepatopâncreas e na atividade hemolítica do camarão-tigre (*Penaeus monodon*). Aquaculture, 219(1-4): 123-133.

Swamidas C e T Sathyanarayana, 2000. Economics of production and marketing of brackishwater shrimp (Economia da produção e comercialização de camarão de água salobra). Em Krishnan M e PS Birthal (Eds.). Aquaculture development in India - Problems and prospects, National Centre for Agriculture Economics and Policy Research, Nova Deli, Índia, pp. 59-64.

Tanticharoen M , W Timothy, Flegel e Nuchjaree Pisamai, (2008). Biotecnologia aquícola na Tailândia: o caso da indústria do camarão International Journal of Biotechnology, 10(6): 153- 162.

Thakur NK, AK Reddy e Chandraprakash, 1997. Se a criação de camarões está a poluir o ambiente - uma avaliação científica. Fishing Chimes, 17(2): 2830.

Tookwinas S, 1990. Técnicas de cultura de camarões marinhos em cativeiro na Tailândia. Infofish International, 2: 38-40.

Uma A, TJ Abraham e V Sundararaj, 1999. Efeito da bactéria probiótica, *Lactobacillus plantarum,* na resistência a doenças das larvas *de Penaeus indicus*. The Indian Journal of Fisheries, 46(4): 367-373.

Van Mulekom L e A Axelsson, 2006. Comércio e orientação das pescas para a exportação no Sudeste Asiático: Under-priced export at the expense of domestic food security and local economies. Ocean and Coastal Management, 49(9-10): 546-561.

Vandergeest P, 2007. Certification and Communities: Alternatives for Regulating the Environmental and Social Impacts of Shrimp Farming, World Development, 35(7): 1152-71.

Vasudevan S, 2002. Produção de ração aquática para a indústria de cultivo de camarão. Aquafeed International, 5(2): 21-23.

Vasudevappa C e D Seenappa, 2002. Revisão da literatura sobre a criação de camarões na Índia. Relatório individual do parceiro para o projeto: Investigação de políticas para a criação sustentável de camarão na Ásia. Projeto INCO-DEV da Comissão Europeia PORESSFA No.IC4-2001-10042, CEMARE Universidade de Portsmouth Reino Unido e FRS Universidade de Ciências Agrícolas, Bangalore - Índia, pp. 48.

Venkateswara AR, 2007. Bioremediação para restaurar a saúde da aquacultura. Pond Ecosystem. Hyderabad - 500 082, Índia. pp. 1-12.

Verschuere L, G Rombaut, P Sorgeloos e W Verstraete, 2000. Bactérias probióticas como agentes de controlo biológico em aquacultura. Microbiology and Molecular Biology Reviews, 64: 655-671.

Vijayan MM e JF Leatherland, 1988. Effect of stocking density on the growth and stress-response in brook charr, *Salvelinus fontinalis*. Aquaculture, 75(1-2): 159-170.

Wallace JC, AG Kolbeinshavn e TG Reinsnes, 1988. The effects of stocking density on early growth in Arctic charr, *Salvelinus alpinus* (L.). Aquaculture, 73: 1-4.

Wang YB, ZR Xu e MS Xia, 2005. A eficácia dos probióticos comerciais em tanques de camarão branco do norte (*Penaeus vannamei* L.). Ciência da Pesca, 71: 1036-1041.

Wickins JF e DOC Lee, 2002. Crustacean farming: Ranching and culture. Blackwell Science. Paris, França, pp. 446.

Withyachumnarnkul B, V Boonsaeng, TW Flegel, S Panyim e C Wongteerasupaya, 1998. Domesticação e reprodução selectiva de *Penaeus monodon* na Tailândia. In: Advances in shrimp biotechnology (Avanços na biotecnologia do camarão). Flegel TW (Eds.). Actas da Sessão Especial sobre Biotecnologia do Camarão 5° Fórum Asiático das Pescas Chiengmai, Tailândia, pp. 73-77.

Banco Mundial, NACA, WWF e FAO, 2002. Shrimp farming and the environment. Um programa de consórcio do Banco Mundial, NACA, WWF e FAO. Analisar e partilhar experiências sobre a melhor gestão da aquacultura de camarão nas zonas costeiras. Publicado pelo Consórcio, pp. 119.

Wyban JA, GD Pruder, KM Leber, e L Burzell, 1989. Efeitos da roda de pás no crescimento do camarão, produção e valor da colheita em tanques de terra comerciais. Jornal da Sociedade Mundial de Aquacultura, 20: 18-23.

Yadava YS, 1995. Política e programas do Ministério da Agricultura sobre a criação de camarões. In: Actas do Workshop Nacional sobre Transferência de Tecnologia para a Criação Sustentável de Camarão, pp. 43-52.

Yasuda K e T Kitao, 1980. Flora bacteriana no trato digestivo do camarão. *Penaeus japonicus* Bate. Aquaculture, 19: 229-234.

Ziaei-Nejad S, MH Rezaei, GA Takami, DL Lovett, AR Mirvaghefi e M Shakouri, 2006. O efeito das bactérias *Bacillus* spp. utilizadas como probióticos na atividade das enzimas digestivas, na sobrevivência e no crescimento do camarão branco indiano *Fenneropenaeus indicus*. 252, 516-524.

Ziemer CJ e GR Gibson, 1998. An overview of probiotics, prebiotics and synbiotics in the functional food concept: perspectives and future strategies. International Dairy Journal, 8(5-6): 473-479.

MIX
Papier aus verantwortungsvollen Quellen
Paper from responsible sources
FSC® C105338

Printed by Books on Demand GmbH, Norderstedt / Germany